U0394796

小日子

嘿，头发乱了

张胜华 著

青岛出版社
QINGDAO PUBLISHING HOUSE

序 Preface

让发型跟着
你的美丽一起升级！

从我的上一本发型书发行算起至今已经 4 年，这期间流行的发型趋势与时尚造型话题也不断更迭。第一本工具书的诞生，为的是完全没有造型经验的读者，希望他们只要通过学习书中的一个个步骤，就能逐渐认识自己的头发特性并懂得养护它，进而学会基础造型。但当初的读者如今肯定不会满足于基础造型，他们更想要在原本构建的技巧下，变化出更丰富多样的造型，无论是充满利落线条的直发、自然蓬松的卷发还是热门的编发，都要跟上时尚的步伐才行！

这次的发型书与以往不同，不长篇大论地从基础讲起，因为我相信多数女性对于自己的头发状况已经相当熟悉，因此在这本书中只着重加入造型工具、吹整技巧、盘发概念、编发步骤与选择发色等方面的内容，通过这些大主题就能相互加乘变幻出无穷的发型种类。本书更大胆地结合了目前的韩流热潮、话题明星、整发技巧与造型发品的特性，呈现了更高难度的造型，甚至依据场合、发长就能轻松变化，通过自己多年的经验，精准挑选出足以让众人惊艳甚至想要效仿的造型风格。

书中利用不断升级的造型工具（如电卷棒、平板夹等），不仅要突破我们熟知的发型效果，还要搭配手法进阶打造更自然、

更有味道的流行感，即使是直发，也能营造出或利落或优雅的各种风格，卷发也能烫出不同的曲线效果。或者只用一把梳子和一个吹风机，就能做出自己喜爱的造型，增添新意。

此外，我在书中仍保留了基本的编发技巧，保证内容非常精彩，就算是我们熟知的简单两股辫、三股辫，也能展现出不同的编发效果，出席宴会、派对等盛大场合也绝对没问题。发色部分则是以年度趋势配合崭新的染发技巧，在书里通过不同颜色的配对组合，让你能够更快速地寻找到适合自己肤色、瞳孔色等细节的发色。最后则解读了目前当红女星的发型的整发技巧，不仅教给你快速打理头发的方法，同时还有延伸变化的小技巧，会让你觉得受益无穷。重点是：这些发型看似专业，实际操作方法却很简单！

所以，现在就翻开书，开始练习属于你的百变造型术吧！

Johnny

目录 Contents

2

吹整秘籍
易上手！只要基本整发工具就能完成

编发秘籍
一看就懂！流行编发全图解

盘发秘籍
运用各种技巧，轻松上手

盘发进阶技巧

日常玩发
不同发长的造型变化

番外篇

第1章

Part 1

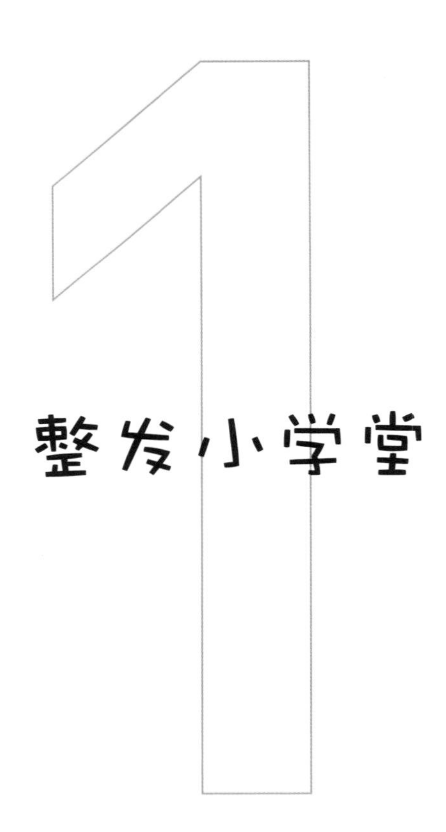

整发小学堂

跟着 Johnny 老师学整发秘籍

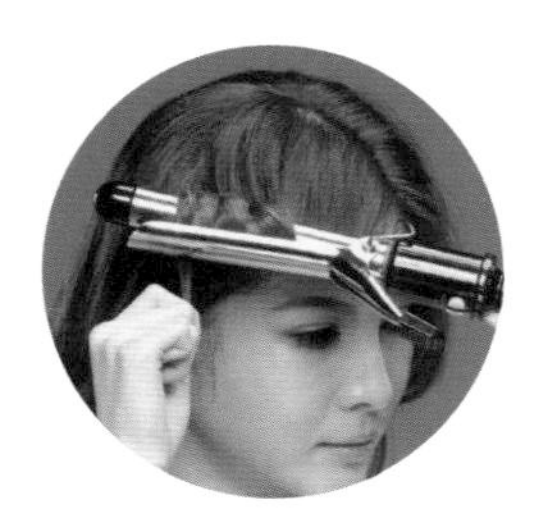

随着时尚流行信息的普及，越来越多的人意识到发型的重要性一点也不亚于彩妆，也更在意发型与自己的匹配度。在这个单元里，大师级发型达人 Johnny 老师将传授让女孩们可以闪亮登场的各种整发秘籍，从基础的头发相关知识到基础电棒造型、平板花样等，现在就一起来学习吧！

我适合什么发型呢?

很多人会问我："老师，我适合什么样的发型呢？"我们一般将脸型分成：瓜子脸（鹅蛋脸）、圆脸、长脸、方脸、倒三角脸（也就是现在俗称的锥子脸），其中瓜子脸是比例最好、适合各种发型的脸型。但拥有得天独厚条件者毕竟是少数，如果天生脸型比例不太令自己满意也没关系，选择对的发型，就可以达到修饰脸型的效果。这里先来了解一下各种脸型可以对应哪些发型吧！

特点：比例标准，面部通常看起来很协调，显得端正秀气。

发型建议：由于比例良好，因此没有造型上的限制，短发或长发都适宜。

特点：额头或下巴偏长。若是额头偏长会显得发线往后，感觉太秃；若是下巴过长，看起来会有点像"戽斗"。

发型建议：平刘海可让脸型看起来缩短，通过剪烫创造出足够厚度的发量置于两颊边，能增加脸的宽度。应避免高层次短发和及肩直长发。

特点：因骨头偏宽大或咀嚼肌发达，使得两颊与下巴处的轮廓线有明显角度，脸偏宽，给人较严肃的感觉。

发型建议：带有微弯线条的长、短发，利用女性化的头发弧度柔和过度刚硬的脸部线条。不建议留直发，太明显的直线线条会更强化方形脸的轮廓。

特点：因两颊过于凹陷或下巴太尖，让两颊与下巴处轮廓就像一个倒三角形，使脸部看起来显得太过消瘦。

发型建议：长度及肩，利用剪烫让发尾变厚、创造层次，以修饰下巴线条。避免厚刘海或头顶处过于蓬松，剪到耳上并将层次打薄的短发也不适合。

圆脸

特点：脸宽大于眼睛长度的 5 倍，或长脸但各部分比例较短，脸型轮廓偏圆比较没有角度，给人的第一印象比较温和、可爱。

发型建议：最好搭配斜刘海，用斜线条使脸颊两侧的轮廓变长，也可以尝试垂直排列烫卷的卷发造型，但长度要避开接近颈部的中长卷发，这样人们不会将焦点放在两颊，脸会显得更圆。

脸型的黄金比例与头部黄金点

前面提到，瓜子脸是比例标准的脸型，拥有完美的黄金比例。虽然我们先天不一定能拥有具有黄金比例的脸型，但可以尽量靠着一些技巧，去创造后天的黄金比例。以下就以简单的图示说明什么是脸部的黄金比例。

确认黄金比例脸型

将脸的长度从发根至眉间的额头、眉间至鼻尖的鼻梁与人中至下巴分成三份，并以鼻梁长度为 1，以上三段最完美的比例为 1 ∶ 1 ∶ 1。脸宽的黄金比例则是一只眼睛长度的 5 倍，这样的脸型比例完全符合美学标准。

在家检视自己的脸型时，要让脸部保持与镜子水平，如果刻意压下巴就会制造出尖脸的效果而失准。通过自我检测，可以了解自己的脸型是偏长、偏圆还是偏宽，再针对问题予以修饰。

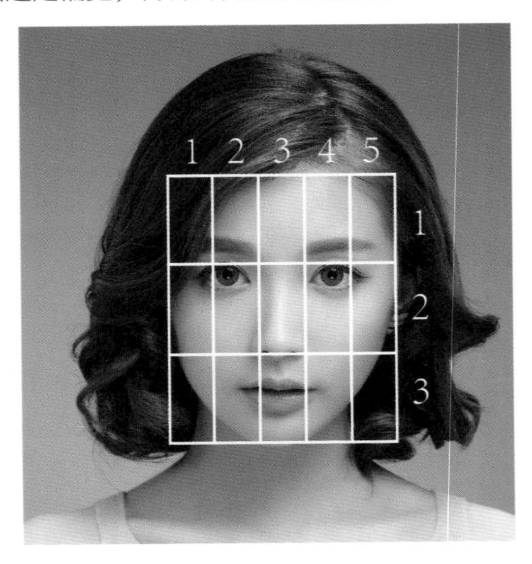

确认头部黄金点

依照黄金分割定率0.618，头部的黄金点位于头顶正中心，这个部位也是人体的“百会穴”。如下面左图，从眉心往头顶画直线，与两耳纵线交汇的点就是头部黄金点。在剪发或做造型时，要先抓出头部黄金点，基于此打造出完美比例的发型。

打造后天完美发型与脸型

每个女生都想拥有完美脸型，但除了先天遗传，后天的睡眠姿势、生活习惯与作息时间都会影响脸型，也会因此产生脸型上不同的困扰。举例来说，常常吃比较硬的食物（包括有嚼口香糖的习惯）的人，靠近下巴两侧的咀嚼肌会变得发达，让脸看起来比较方。所以我们要尽量避免过度使用咀嚼肌，以免让腮帮子越来越明显。

除了通过不同发型帮助脸型达到视觉上长短宽窄的各种修饰效果，还可通过彩妆和服饰修饰脸型达到接近完美的脸部比例。

利用腮红修饰

发型固然重要，在修容时，利用深色腮红适度地在脸颊、额头与下巴处做阴影修饰，也会有很好的效果。

利用衣领修饰

衣领可以决定脸型看起来是否和谐！选购服装时，应对应自己的脸型，考虑穿着 V 领、U 领还是圆领，以起到修饰效果。例如圆脸可选择 V 领，利用视觉效果延伸下巴到脖子的线条；方脸则要避免选择高领或一字领，以免让脸部线条更突显。

平口露肩款式可缓和尖脸的锐利线条，或修饰圆脸的弧度。

因高领在视觉上有紧迫感，尖脸、方脸、长脸及圆脸者都应避免。

锁骨下方 3~5 厘米的 V 型领最能修饰圆脸，但尖脸者应避免。

高于锁骨上方的一字领可修饰尖脸脸型，但方脸和圆脸者应避免。

关于刘海和分线的几个小知识

刘海长得特别快?

头发平均每个月会长 1 厘米，头部各区域的头发皆是如此，生长速度都是一致的。由于多数人的刘海是剪到眉毛上方的，只要两个月就足以长到盖住眉毛甚至扎眼的程度，因此会让人有刘海长得特别快的错觉。

自己如何剪出完美的刘海?

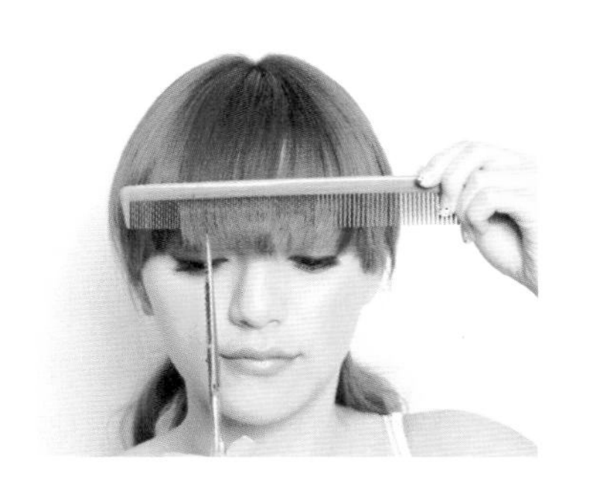

以扁梳将刘海梳整齐后，找出自己想要的斜度，用剪刀从上往下开始修剪。一开始不要剪得太多，若不小心失手就无法修补了。接着再用扁梳梳起刘海发尾，如图直立剪刀慢慢地由右至左将发尾剪成小小的锯齿状，使边缘较自然、不厚重。

自行修剪刘海会伤发吗?

如果拥有剪发专用的剪刀，同时对自己的技术感到有自信，当然可以在家自行修剪刘海。以非剪发专用剪刀剪头发，是很伤发质的，甚至可能会造成发尾分岔哦!

刘海也需要使用造型品吗?

由于近年来流行的是自然的空气刘海，因此并不建议大家使用造型力太强的产品，以免让发丝线条僵硬呆板。如果要骑摩托车、戴安全帽，为了避免刘海扁塌，可在出门前使用支撑力较强的造型品加以维持。头皮容易出油的人，可使用篷篷粉让发根蓬松。

为什么刘海易扁塌、看起来油腻?

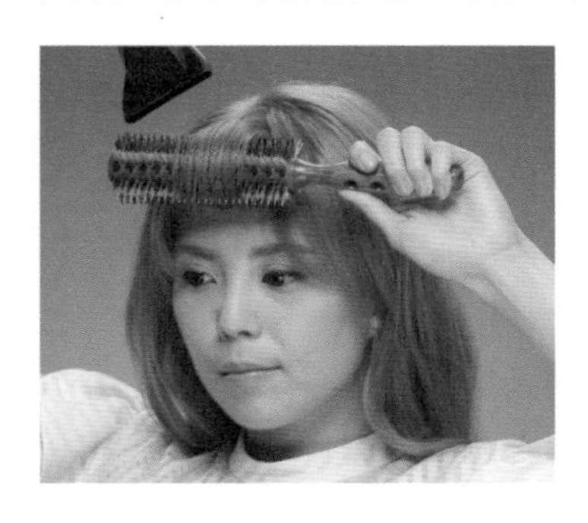

油性头皮的人因皮脂腺分泌旺盛，容易让发根看起来黏腻，加上额头 T 字部位也是出油较多的地带，所以刘海会显得油腻。另外，习惯用手拨刘海，也会把手上的油脂带到头发上。想要解决这个问题，早上出门时可用大圆梳将刘海吹出弧度，让发丝不要贴着额头，并在额头上扑蜜粉来吸附油脂。

固定分线容易掉发?

因为台湾省的雨水偏酸，加上洗发时头皮多从分线开始接触洗发水，所以发线不宜太固定，最好能时常更换，才不会让发线的头皮处发量减少。改变分线位置时，头发一开始会比较难固定，2~3 周之后就可以改变并固定新的分线位置了。

刘海决定发型的成败

相同的发型因为刘海的不同，看起来就会有很大的差异。不适合自己的刘海，很可能会毁掉整个发型！

发型也有流行趋势。前几年流行的厚刘海，在这两年已完全被空气刘海取代，宋慧乔在韩剧《太阳的后裔》中带起的八字刘海风潮更是势不可挡！比起一整片的厚重刘海，轻盈的空气刘海更适合多数人，但不同脸型也有各自适合的刘海，还是需要视每个人的脸型特色来确定。

完美刘海的关键

刘海的重点在于发线分边比例、垂下的斜度与长度。如果是斜刘海，通常发线分边比例为３：７，让刘海自然地斜垂至盖到眉毛处最自然；如果是平刘海，长度同样也是要盖到眉毛，要避免长度太短露出整个眉形。

若方形脸或圆脸女孩想尝试刘海，除了把握上述长度要求外，发线分边需改为２：８，这样可以通过刘海斜度掩饰方形脸过多的线条，或是以刘海的线条拉长圆形脸，让脸型在视觉上看起来更协调。

要特别注意的是，圆脸因脸型的上下左右都较宽，不建议选择整片式的厚刘海。而方脸则因脸部线条明显，厚刘海或太短的刘海会突显脸颊线条。建议这两种脸型可以尝试旁分或中分的长刘海，让刘海自然散落在脸颊两旁，就会有较佳的修饰效果。

旁分刘海可修饰圆脸，也让脸部整体看起来更清爽。

关于头皮和发质的几个小知识

天天洗头发到底好不好？

不同头皮性质的人，洗发频率也要不同，应该视自己的状况决定是否需天天洗头。

油性头皮：建议每天洗 1 次。

中性头皮：可 2 天洗 1 次。

干性头皮：建议 2~3 天洗 1 次。

如果是运动大量流汗后或一天中长时间骑摩托车戴安全帽，或者使用了造型产品，当天就应该洗发，把头皮残留的油脂污垢和造型品洗净，避免阻塞毛囊。

听说不能用太热的水洗头？

太热的水是会刺激头皮的。尤其是秋冬换季时，头皮油脂分泌不正常，本来就易造成毛囊堵塞，加上气候温差导致发质水分流失、受损，头发易断裂或毛躁，用太热的水洗发会加剧这种情况。所以洗发时水温以不超过 35℃为佳，以保持头皮健康。另外，冷水无法融化头皮上的油脂，因此也不建议使用。

把洗发水直接倒在头皮上更易秃头？

虽然洗发水是为了清洁头皮与发丝，但浓缩的质地仍会对头皮造成过度刺激，因此建议不要将洗发水直接倒在头皮或头发上，可先将洗发水置于掌中加水搓揉至起泡，或是将洗发水加水调和后使用，这样起泡力较佳，也更能发挥洗发水的效果。

为什么有些美发店洗头发要洗两次？

前面提到过，头皮会分泌油脂造成黏腻感，头发则因吹整及使用造型品而容易黏附污垢。洗两次头的目的就是要分别针对头皮和发丝做彻底清洁。习惯 1~2 天洗一次头发的人，因平日的清洁已足够，并不需要每次洗头时都洗两次，仅一周进行一次大清洁即可。

头发的自我检测法

我们常说发质好或发质差，这里的发质其实与头皮息息相关。一般一个毛囊内的发量有3~4根，发量会随着年龄日渐老化而减少，约50岁时，毛囊内的发量会逐渐减少至1根，发量开始稀疏。此外，不良的生活习惯和压力也会影响头皮的健康，连带让头发变得脆弱。

拥有健康头皮，才有健康秀发

常有人说“才一天没洗头，我的头发就好油呀！”通常大家都以为是头发出油，其实头皮才是分泌油脂的源头！由于工作、生活环境、饮食与体质的不同，每个人的头皮油脂分泌量也不同。其实适当的油脂可滋润头发并保护头皮，但也因分泌量多寡的不同而形成了不同的头皮类型。

我们必须先了解自己的头皮状态，才能挑选到适合的洗发用品。同时还要经常注意头皮和头发是否出现异常状况，才能及早发现问题，远离毛孔阻塞、掉发或头皮屑等困扰。

到发廊时，可请设计师提供头皮检测服务，或是自行由头发扁塌状态与头皮油脂分泌程度来判断是否是敏感头皮或油脂分泌异常，以便早日针对问题做出改善。

检测方式

第 1 步　**观察洗头一天后头皮的出油量；**

第 2 步　**记录洗头后可维持清爽的时间。**

☐ 第 1 步	☐ 第 1 步	☐ 第 1 步
头皮与发根处摸起来有湿润与黏腻感。油脂分泌旺盛。	头皮看起来与摸起来都还算干爽。但发根处感觉有点扁塌。	头皮摸起来很干爽，发根也很蓬松，出油量很少。
☐ 第 2 步	☐ 第 2 步	☐ 第 2 步
只要一天不洗头，头发就会扁塌黏腻，头皮感觉闷闷的，也很油腻。	洗完头一天后，头皮只有一点湿润，第二天后才有明显的油腻感。	洗完头后 2~3 天内头皮维持干燥状态，头发仍蓬松不扁塌。

检测结果

油性发质

中性发质

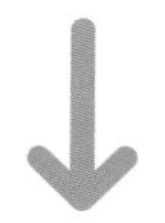

干性发质

说明

头皮状态会因饮食、作息、健康状况等因素而变化，原本是干性发质的人，也可能会出现油性发质的症状哦！

我是哪一种发质？

相信大家都有这样的经验，生活作息比较不正常或饮食突然变得不规律时，头皮会变得敏感并容易出油，头发也开始出现干燥或易断裂等现象。因此，只有彻底认识自己的头发与头皮，才能正确选对洗护产品，对付困扰。接下来提供三个专业造型师时常使用的发质辨别技巧，您学会了也能自我检测。

检测方式

第 1 步　摸头发质地与支撑力

在头发干燥的情况下，抓起一小撮发束用大拇指与食指轻轻搓揉。并在吹整造型后观察头发造型的持久度。

第 2 步　测试头发弹性

抓取一小撮头发绕圈打结后放开，并观察头发松开的时间快慢。

第 3 步　染发后检测

染发时，利用上染剂后等待上色的时间来确认，等待时间通常为 30~40 分钟。

检测方式

□
第 1 步

发丝摸起来触感较粗而且偏硬。吹整造型之后支撑度好，造型也不容易变形。

□
第 2 步

头发弹性强，发束一放开就立刻松开。

□
第 3 步

头发上色时间超过 40 分钟甚至在 1 小时以上。

□
第 1 步

发丝摸起来柔软但不会感觉毛躁。头发支撑力适中，稍作吹整就能造型。

□
第 2 步

头发弹性佳，发束一放开能很快松开。

□
第 3 步

染发时间为 30~40 分钟，符合标准等待时间。

□
第 1 步

发丝纤细且偏软，容易毛躁。头发弹性与支撑度较差，不易造型。

□
第 2 步

发束松开的时间比较久，短时间内仍会维持固定形状。

□
第 3 步

上色速度少于 30 分钟，非常容易上色。

检测结果

粗硬发质

一般发质

细软发质

学会沙龙级洗发技巧

洗发与润发是头发最基础的清洁工作，但只有分清楚不同的头皮状态与发质，并搭配各自适合的洗润产品才能洗出健康头皮。

洗两次才干净

当头发使用了大量造型品或洗完后仍感觉头皮黏腻、不清爽时，就必须洗两次才能彻底洁净。第一次洗头是将脏污洗去，洗发时间大约为3分钟，头发越脏、越油腻，泡沫就越少，这是因为清洁剂上附着了太多油分和污垢，所以无法起泡。第二次洗发时间为3~5分钟，这一次才能真正清洁头皮与发丝。

用指腹轻轻搓洗

要特别注意的是，洗发时应使用指腹的力道按摩头皮，或针对容易痒的部位加强按摩，切记不能用指甲抓头皮，太粗鲁的行为会让头皮受伤哦！洗发时以3~5分钟最佳，因为有些洗发水含有表面活性剂，主要功能是彻底清洁头发与头皮，不建议在头皮上停留过久。除非是使用抗屑洗发水，可稍作停留，让抗屑成分发挥效果。

正确洗发的 6 个步骤

第 1 步

先用梳齿较细的排梳从头发中段往发尾轻梳，将打结处梳开；再从发根向发尾将头发梳顺。这个步骤也可以帮助我们带走头发上较大的灰尘。

第 2 步

先将头发冲洗一遍，将污垢冲走，并且头发打湿了才能使洗发水的泡泡更容易带走头皮与发丝上的脏污。

第 3 步

将一元硬币大小的洗发水倒于掌中，加水稀释搓揉起泡。从发尾处往发根处涂抹，以轻轻搓揉的方式让头发与泡泡充分接触。

第 4 步

将双手手指伸进发丝，用指腹轻轻搓揉头皮以带走污垢。

第 5 步

接着将双手指腹顺着头皮，从头部前侧往后搓洗。

第 6 步

从头皮开始由上往下冲水，并用手指轻轻拨开头发，针对头皮与耳后部位加强冲洗，彻底洗净头皮与发丝。

在使用护发产品时，要避免让产品碰触头皮，因护发产品质地太过滋润，可能会造成头皮负担。护发产品的用量不要省，应多于洗发产品的用量，头发越长则护发产品用量越多，这样才能确实达到效果。

学会选择造型产品

由于造型工具在接触发丝时，会因为高温造成头发的水分蒸发，同时影响头发稳定的结构，因此在造型前我建议使用打底的产品，让头发获得基本的养分，并且阻隔因高温造成的头发伤害，甚至还可以强化造型的稳定度与持久度。但是不同质地、功能的打底产品需要我们依据自己的发质状态来挑选，就如同挑选保养品，选择适合自己的才能让发型更美、更有质感。

依发质选择

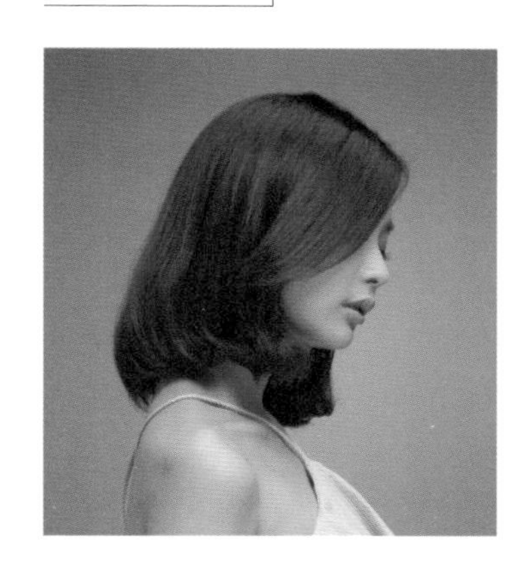

细软发、发量少

这类型的人因为天生发量较少，加上头发软，造型上可能会因发量少或易扁塌导致造型完整度不足，造型重点在于让头发更有分量，也就是增加丰盈感。我建议先使用有这类功能的产品打底，创造出丰盈发量后再造型。这样能让发量丰盈、更具支撑力，让发丝更有弹性。

粗硬发

粗硬发发质的弹性佳、支撑度好、造型也不容易变形，只是因为发丝较粗，造型后会感觉不够自然，甚至有点呆板。可以在造型前使用能让头发更柔软的发品，进行软化打底，这样就能在后续使用造型工具时更顺手，也不必担心线条呆板、效果不佳等问题。

打底产品学问多

了解自己的发质状态后，面对琳琅满目的打底产品，我们该如何选择？其实不必伤脑筋，造型霜、发雕等以往我们熟知的造型产品，在这几年也已经通过科学技术转化为喷雾与慕丝的形态，不仅保留了原来的效果，便利性也大幅提升，因此在选择打底产品时，我们可以依据自己所需的不同造型进行挑选。

产品质地与结构

喷雾类

喷雾类打底产品拥有能够均匀散布的特性，能让尚未造型的发丝得到滋养，造型时不会有部分受热多、部分受热少的不均匀状况，能够避免因发质不稳定而让造型后的线条失去应有的效果。

慕丝类

慕丝类产品主要能够维持造型效果、加强头发弹性。

维持造型效果：这一类慕丝主要功能是塑型，也就是使原本就有的线条感更明显、持久。

加强头发弹性：这类的打底产品能够使发丝感觉更粗硬，使发量变丰厚，相对造型时就能有更大的发挥空间，也比较有支撑度，比较立体。

利用造型品修饰头发问题

头型不佳、发量稀少或卷度不足的困扰最常见，我们可以利用造型产品达到修饰效果。但要注意的是，只要用了造型产品，当天一定要洗头，做到彻底清洁，避免造型产品残留为头皮增添负担！

修饰头型&发量问题

1

取1元硬币大小的发蜡先于指腹推匀。

2

将头发分成前后两区，手指伸进后区的发根处涂抹产品，但要避免直接接触头皮。

3

将手中剩余的产品涂抹于前区的发根处，达到厚重却自然的丰盈效果。

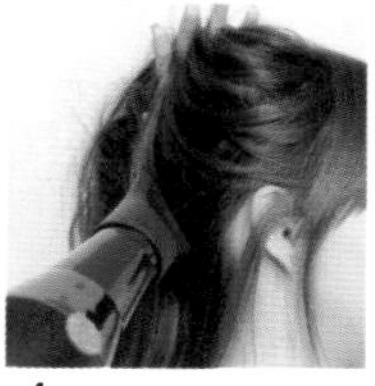

4

利用吹风机在发根处逆吹，加强发根支撑度，创造圆弧头型或发量增多的效果。

维持卷度

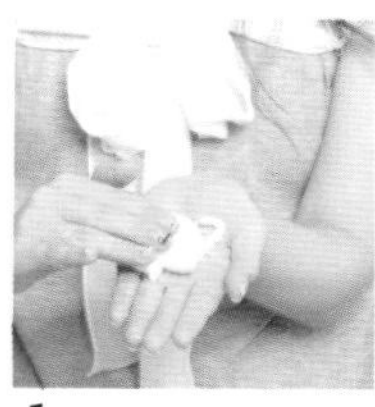

1

挤出乒乓球大小的弹性慕丝，于掌中推开后涂抹于所有头发上。

2

将头发分成左右两大区块，抓住发束往内扭转，并用吹风机吹干后放开，拨松头发。

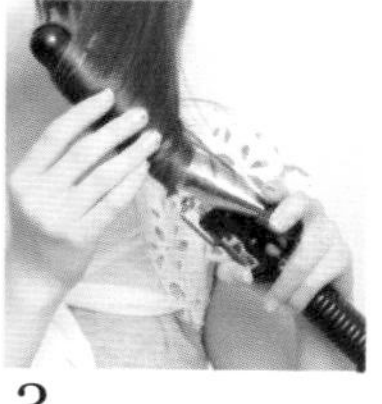

3

利用直径至少25毫米以上的电卷棒，夹住发尾往内卷至头发中段。

4

均匀喷上定型喷雾，让头发维持烫后的持久卷度。

梳出柔顺好发质

选择一把合适的梳子，可避免在梳理头发的过程中造成头发断裂或毛躁，同时还能梳出头皮的健康与头发的光泽感。一般来说，依功能需求需要准备至少 3 把梳子，分别是洗发前清洁用的扁梳、梳理发丝用的按摩梳以及吹整用的圆梳。再依发质或发量的不同，以及直发或卷发等需求来进行选择。

不同梳子的功能解析

排梳（扁梳）

可以于润护时梳开打结发丝，也可以用于吹整时将头发吹直，适用于小范围区域或刘海。梳齿密一点的适合梳细发或直发，疏一点的适合梳卷发或粗硬发。还有一端是尖尾的款式，可用来分线或挑起少量头发。

内弯梳

它的功能是将发尾往内吹出弧度，可以轻松吹出鲍伯头发型，适合及肩发长。利用它吹整虽然方便，但吹出来的弧度是固定的，不能改变。

圆梳

于吹整时使用，便于依自己喜好做出各种弧度线条，可依梳发时的技巧随时调整卷度，并依头发层次、方向随时变化，做出的线条最柔和。建议使用鬃毛材质的圆梳，可防止静电。吹整时，直径小的圆梳吹出来的弧度较小、较卷，直径较大的吹出来的弧度较柔和、较自然。

按摩梳

主要用来按摩头皮和梳理发丝，较不具造型功能。它的特殊梳齿设计能刺激头皮血液循环，建议早晚可各梳头发 50~100 下，达到活络与放松的效果。

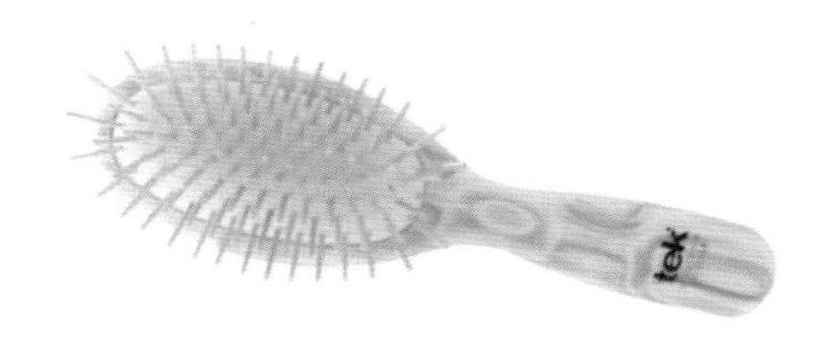

轻松驾驭电卷棒

不同造型效果的电卷棒

早几年前电卷棒的尺寸种类很多，从 19 毫米到 36 毫米都不难见。但经过一段时间后，大家逐渐发现 19 毫米的电卷棒创造出的卷度已经不符合流行趋势，反而带点俗气；而 36 毫米的大尺寸电卷棒营造的柔和圆弧线条能被其他产品所取代，加上短发风潮崛起，36 毫米的电卷棒也已经退场。不同的电卷棒尺寸还有相对应的分区方式，以下将归纳出不同尺寸电卷棒与其对应的分区方式，只有用对了，才能真正创造出自然又高雅的线条效果。

标准电卷棒

25 毫米

卷度适中、自然但比较明显，是最常见、使用人数最多的中等卷度尺寸的电卷棒。

32 毫米

多用来打造带有妩媚、女人味且具有空气感的卷度，线条柔和，适合发量多的人或长发。

双管卷

结构与一般电卷棒相同，是目前日韩最受欢迎的造型工具，能打造出宛如波浪般层次丰富的发型。

使用方法

将较少量发束以绕 8 字的方式缠绕于双管上，停留 30~40 秒即可放开。

三管卷

三管卷看起来复杂，但其实很容易上手，只要掌握烫发时头发位置的整齐度，就能烫出时下流行的韩剧女星发型。三管卷也被称为浪漫卷。

使用方法

将头发分成 10~14 撮发束，以“后→前→后”的方式将发束夹入，停留 30~40 秒即可放开。

不同分区呈现的卷发效果

初学者

如果是刚开始尝试使用电卷棒的人，只需将全部头发分成基本的 4 区即可。以双耳为界分出前后两区，再从头后中央分成左右两区。只要依照这 4 区，根据不同的卷发方式上卷，呈现出来的就是比较自然的卷发线条。

进阶者

如果是使用电卷棒较为熟练的人，我会建议将发区分得多一些，将原本的两块后区再分成上下两块，总共是 6 区，甚至可以再细分到 8~10 区。分区越多，就越能细致地处理发束变化，创造出的卷度也会更立体、更持久。

由于电卷棒会加速头发上的水分蒸发，因此在挑选工具之前，选择可以调节温度的较佳，温度控制在 100~120℃，大约在头发上停留 1 分钟，可避免因高温造成头发损伤。

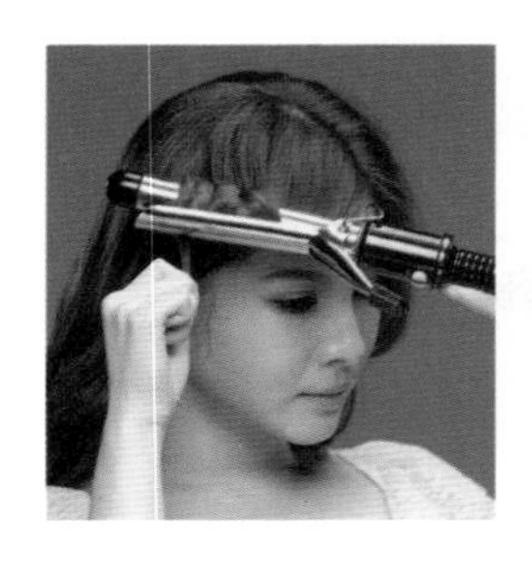

造型工具新宠：平板夹

以往我们会认为平板夹只能夹出柔顺的单一线条，这种观念已经不对了。在韩国，现在最盛行的就是利用平板夹夹出弯度，这样的技巧在发型师之间也被广泛讨论。平板夹不只能做出原本的直线条，也可以用来打造发尾弯度或是水波纹，它绝对会是这几年的造型工具焦点。

离子夹

平面的夹板，可直接夹住发束，利用板夹的拉力打造出不乱翘的直发。

使用方法

夹住发束后，以缓慢平移的方式，通过温度让头发塑型、变直，再往发尾移动。

玉米须夹

具有波浪弧度的夹板，有不同的波浪尺寸，小尺寸的玉米须夹主要用在打造发根立体感与蓬松度上。

使用方法

将靠近发根位置的发束平铺于加热板夹内，将造型板夹起约 30 秒，每撮发束的发量不宜太多。

斜款平板夹

类似离子夹，但背面有弧度，可以通过上夹板的手法与平板夹角度，卷出不同的弧度效果。但这类型工具更适合进阶者，因为用它拿捏造型的难度偏高。

正确吹整技巧

关键点 1

吹风机会产生热风造成头发受损，建议吹风机与头发保持 15~17 厘米的距离。

关键点 2

要先将头发吹干后才能够使用圆梳吹整，因为排列太密的圆梳用于湿发时，会使头发更易断裂。

完美吹整 4 步骤

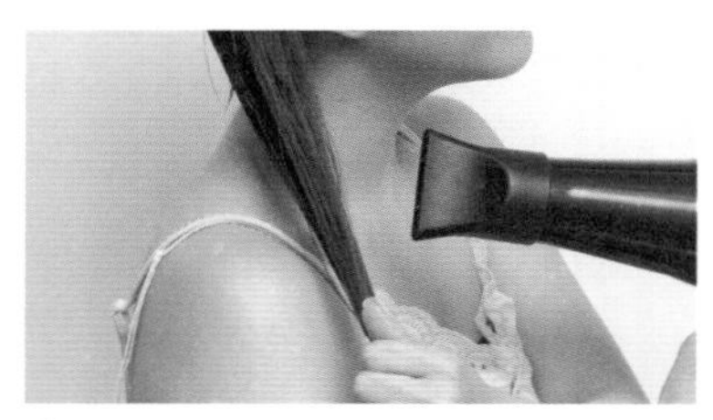

1

将头发依前后左右分成 4 区，吹风机从每区头发发根开始，由上往下吹干头发，同时用手指拨松头发，使之均匀吹干。

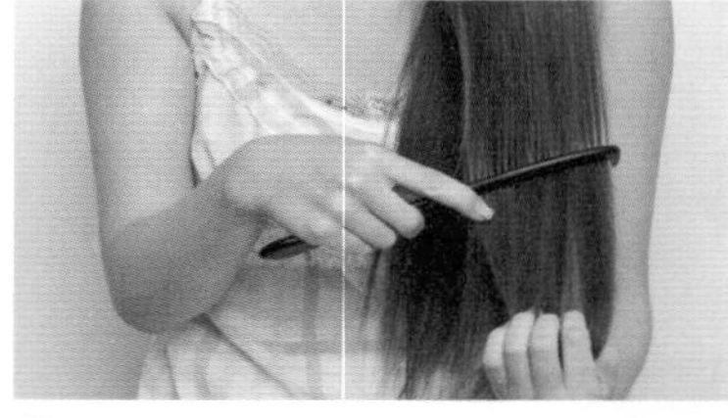

2

用梳子先将发尾梳顺，再将头发从中段至下半部梳顺。

3

用梳子由发根处往下梳平、梳顺头发，动作要轻柔。

4

用吹风机搭配圆梳从发中吹至发尾，创造出自己想要的弧度即可。

创造上镜的柔顺直发

“工欲善其事，必先利其器。”想要飘逸柔顺的长直发，工具一定要选对！

加强质感：直发不像卷发那样要注意卷度的持久性，但是高温后的头发易干燥无光泽，失去直发的特色，因此整理前后都要加强护发工作。维持头发光泽感是直发成功的关键。

维持张力：利用头发的张力打造出不乱翘的柔滑效果。吹干头发后先简单将头发梳顺，再利用板夹的拉力将头发的张力拉开，打造出不乱翘的直发。

1

将洗好的头发抹上免冲洗护发精华后，以吹风机吹至接近全干。

2

抓住头发中段，用梳子先梳开发尾，再由发根往发尾梳顺头发，再将头发分成上、中、下三区分别固定。

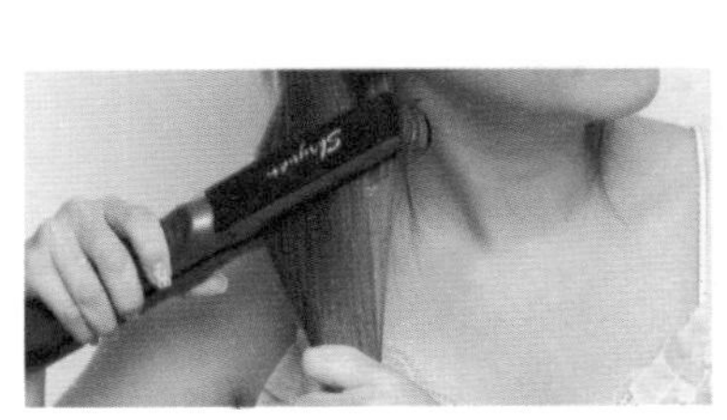

3

从下方发束开始，用离子夹从发根 3~4 厘米处开始夹起，约停留 20 秒后再往发尾移动。完成后依序整理中、上发束。

4

取约 1 元硬币大小的护发精华于手上均匀推开，由上而下涂擦头发，加强其光泽感。

在家也能吹出的专业级直顺发

侧面

背面

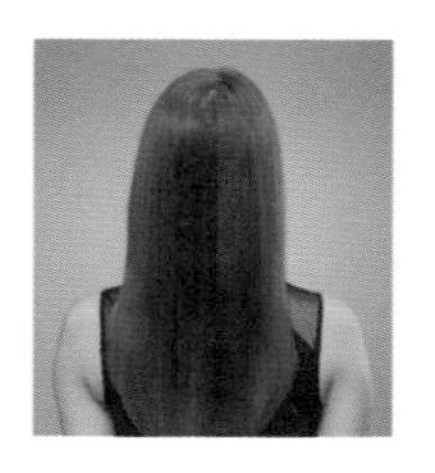

怎么做

1

先在全头头发喷上抗毛躁的打底喷雾，让后续的直发造型能服帖不乱翘。

2

运用尖尾梳以闪电型分线的方法，将头发分为两区，要注意避免分线太呆板。

3

以圆梳固定发束后稍微用力拉直吹整，将每一区头发仔细吹出柔顺线条与光泽感。

4

为了呈现优雅感，在发尾处以斜款离子夹塑型，利用背面的弧度稍微做出弯曲感即可。

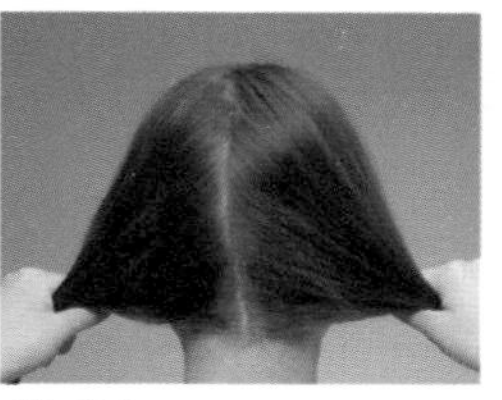

注意

笔直的中分线会让发型线条不够柔和。

造型解析

直发绝不是只有平板的直线，借着吹风机、离子夹与圆梳的混合运用，通过让分线较为模糊的方式，创造出令人惊艳的直发线条，让直发的你也能充满温柔的女人味。

简单易上手的扭转＋三股编

总是羡慕杂志上的模特或明星的发型时尚，想要依葫芦画瓢却总是失败？其实变换发型很简单，先学会以下的基本手法就能衍生出许多造型，加上帽子、发饰来帮助，保证零失败！这样做不但能让造型更出色，也能大大提升流行感哦！

扭转

最简单的整发技法就是单股扭转，只要学会了单股就可以利用这种技法将许多单股结合变化出更多造型。但要注意的是从一开始扭转到使用小黑夹固定前都不可以松手，否则就会前功尽弃啦！想要让发结固定得更稳固，可以使用两个小黑夹。

1

抓取一撮发束，往内轻轻扭转两圈，不要使发根呈现出紧绷状态。

2

于想要创造扭转线条的位置以小黑夹逆发固定。注意下发夹处要在扭转一圈半的地方。

扭转一圈半的位置支撑力最好，可避免发结松开。如果还是无法固定得很好，可用小鲨鱼夹取代小黑夹，但这样无法完全展现扭转结的造型特色。

三股正编

这是常见的三股编法，这种编法只会编起一开始所抓取的发束，完成的辫子不会贴合头部。

1

抓取一撮头发并分成三股：A，B（粉红色），C。

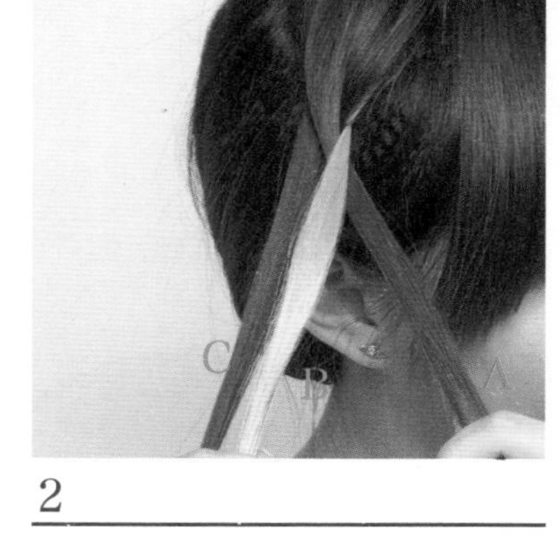

2

将A叠在C上交叉，再将B叠在A上交叉。

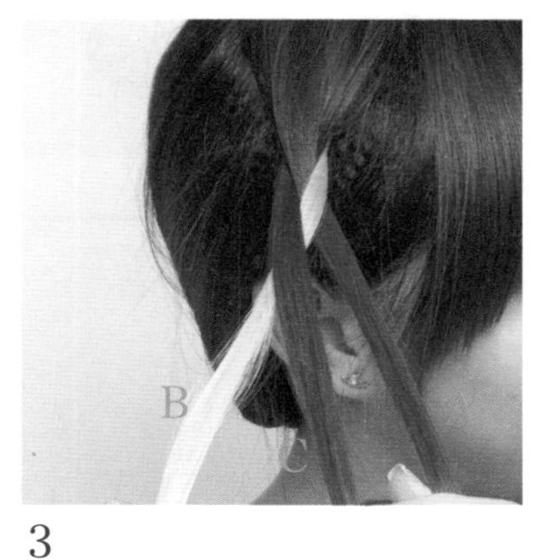

3

将C叠在B上交叉。

4

重复步骤2~3的动作，编至发尾后固定，三股正编完成。

三股正编加双辫（蜈蚣辫）

这也是三股编的一种，也就是俗称的蜈蚣辫，但是和三股正编不同，因为它可以将整区头发都编进辫子中，这也是目前很流行的编发技巧。在编的过程中，我们可决定发束的松度，甚至可以将它运用在刘海上，打造出花式编发效果。

玩变化仅一招

同样以三股编为基础，但只在单侧加入发束一起编，也称为加辫编。

1

抓取头顶小撮发束分成三股。注意发量要分得均匀，编发时才不会出现粗细不同的发辫。

2

将三股分成A，B，C，并完成一次三股正编，如上图。

造型解析

自己编发时，会因方向不顺畅而无法编出均匀、漂亮的发辫。所以我们面对镜子时，如要编右侧发束，可将脸略侧向左边，看着镜子练习，就能渐渐掌握编发手感。

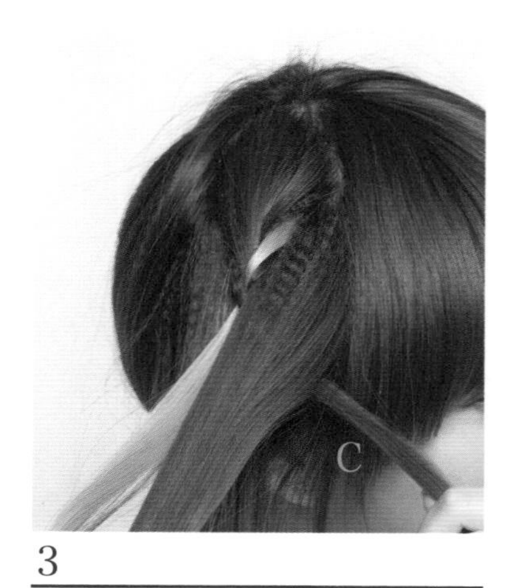

3

从 C 旁抓取一撮发束加入 C，叠在 B 上交叉。

4

从 A 旁抓取一撮发束加入 A，叠在 C 上交叉。

5

从 B 旁抓取一撮发束加入 B，叠在 A 上交叉。

6

重复步骤 1~5 编至发尾后固定，再将辫子轻轻拉松。

上卷技巧图解

名词解释

水平上卷

也就是横向排列上卷法，要将电卷棒放在水平位置（横放），并将发束以水平方式固定。完成后会出现类似波浪状的规律卷并向外扩张。

垂直上卷

也就是直向排列上卷法，将电卷棒放在垂直位置（直放），并将发束以垂直方式固定。由于发卷是直立状，头发线条不会像横向排列般向外延伸，反而是往下延伸并拉长脸型，无论是哪种脸型都相当适合。

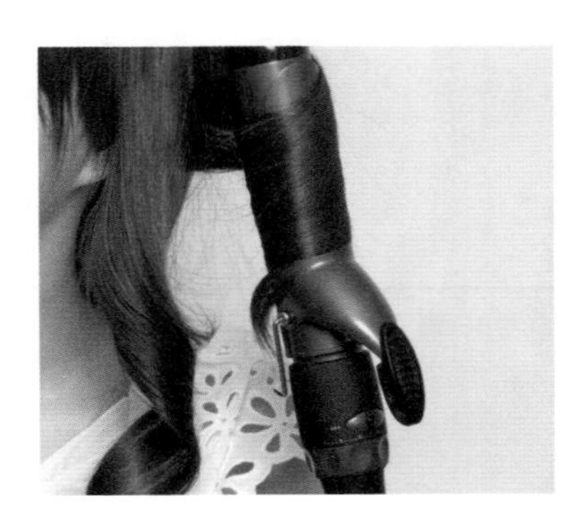

往外卷

外卷时，不论是水平还是垂直上卷，电卷棒都放在头发的外侧（前端），从发尾开始，顺着电卷棒往上卷至所需的位置。这样可以让发束顺着头型两侧创造出宛如飞扬的弧度，有种空气在发丝间流动的活力感。

往内卷

内卷时，不论是水平或垂直上卷，电卷棒都放在头发的内侧（后端），从发尾开始，顺着电卷棒往上卷至所需的位置。这样完成后头发会呈现自然的弧度，展现出优雅温柔的女性魅力。建议可利用卷发打造拉长脸型的视觉效果，达到修饰作用。

除了可以尝试同一方向卷发外，也可偷学发型师用内外卷交错的方式上卷，使头发更蓬松，也使头型更立体。

上卷技巧1

平卷

最基础也最常见的上卷方式

侧面

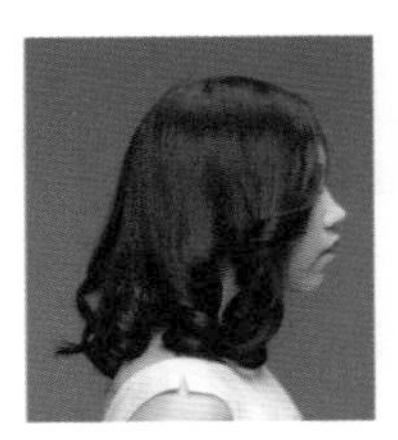

背面

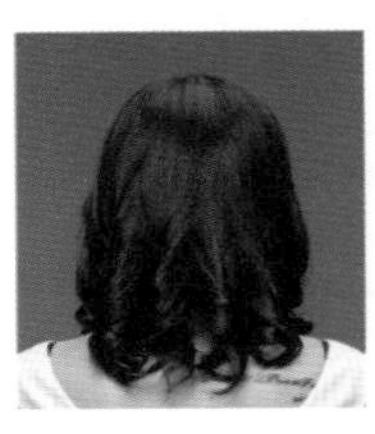

怎么做

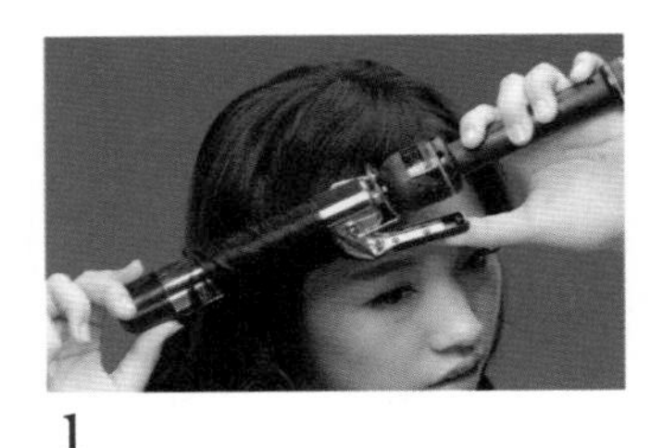

1

将头发均分成4~8区后，先将脸庞两侧的发束利用电卷棒由内往外上卷。

2

将剩余的发束分别改以由外往内反向的方式上平卷，利用与步骤1交错的方式营造出自然效果。

等分区后的发束利用造型工具固定于发尾后，以水平方式往上卷，是很常见的上卷方式。虽然这种卷发有许多脸型限制，但非常适合中长发或发量较少的女孩。

上卷技巧 2

直立卷

直立的卷度带有华丽气息

侧面

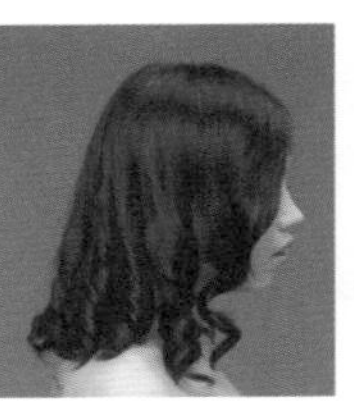

背面

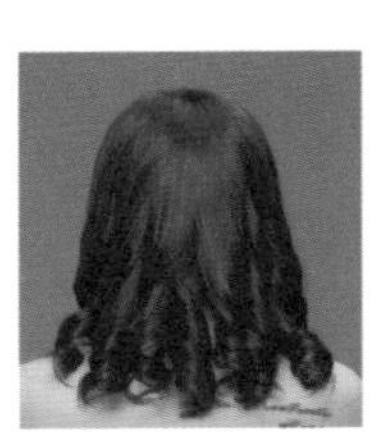

怎么做

1

将头发分成 4~6 撮发束。

2

再利用 25 毫米电卷棒将一组发束尾端固定后，朝脸部方向内卷，完成后发卷会在脸颊旁呈现出自然弧度。

将造型工具以垂直方式固定分区后的发束发尾，由于是垂直上卷，头发线条不会像平卷般向外延伸，反而会拉长脸型，因此这个发型受到多数女性喜爱。它的特色是烫好的卷度拥有极佳的弹性，看起来华丽优雅。

上卷技巧3

水波卷

如涟漪般轻柔和缓

侧面

背面

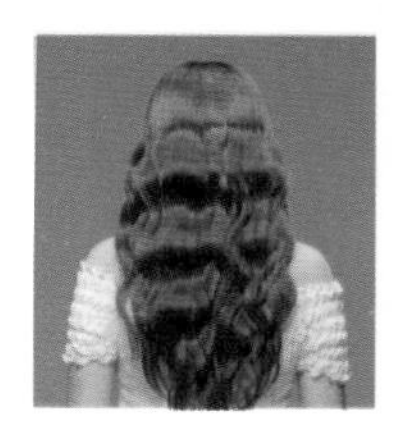

怎么做

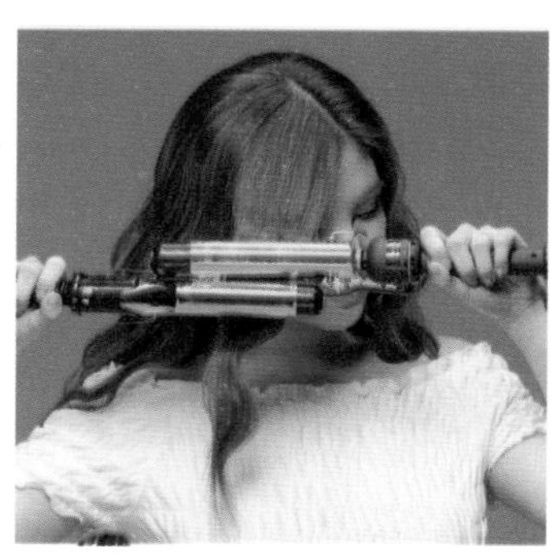

1

先将头发分成6~8撮发束。

2

再利用两支32毫米的电卷棒，在同一发束上，从靠近发根处，以一上一下的方式交替上卷，由上往下夹出卷度。

利用两支电卷棒，打造出轻柔、较浅的纹路，重点在于烫整时尽量让波纹维持在同一卷度上，会更加美丽。

上卷技巧 4

海波卷

能突显脸部轮廓

侧面

背面

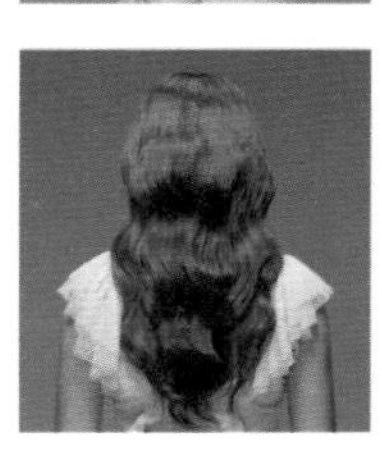

怎么做

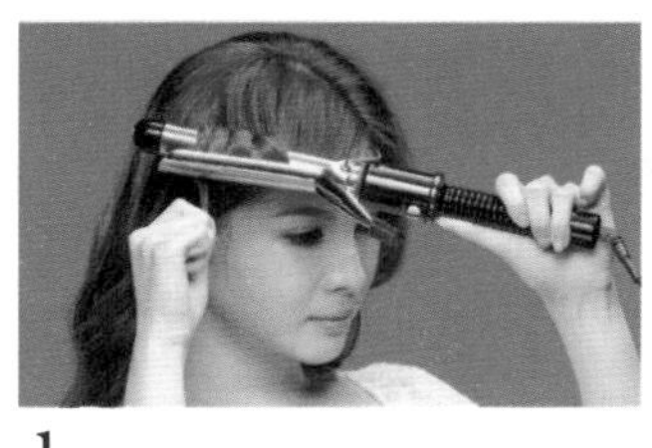

1

先将分好的发束扭转，再用中尺寸 25 毫米的电卷棒以平卷方式上卷，等头发温度降低后，再散开扭转的发束。

2

利用手指加大发卷力度并利用小发夹固定，等待冷却后放开，能让头发线条富有弹性。

造型解析

除了运用电卷棒外，还可利用手指来塑形（使用电卷棒后，趁头发还有热度，利用手指缠绕刚刚上过卷的发丝，停留 3~5 秒再放开，这个步骤可以让头发卷度更立体），并通过降温的方式使头发线条更立体，产生较深且明显的波浪纹路。

上卷技巧5

D形卷

明朗又优雅

侧面

背面

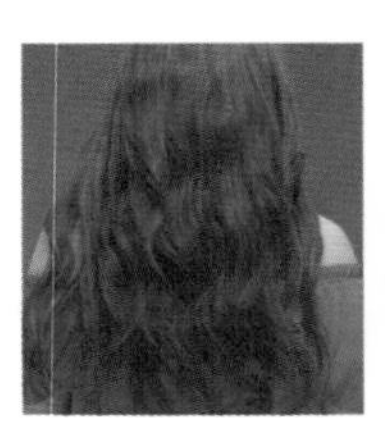

怎么做

1

先将修护发膜喷在掌中均匀推开，再以抓捏方式涂于发丝上均匀打底。

2

将头发均匀分成8区。先利用吹风机搭配圆梳吹整头发，让发丝平滑柔顺。

3

用32毫米电卷棒由发尾处往内上卷，卷至耳下位置，停留后放开。

4

待温度稍降、卷度较为固定后，再用手指将发丝拨开，使卷度蓬松自然。

D形卷是平卷的进化版，是指使用较大尺寸（32mm）的电卷棒按同一种方向上卷，制造出蓬松且波浪一致的卷度。平卷则通常会以朝内和朝外两种方式交错，制造层次感。松软蓬松的卷度所呈现出来的女人味，是D形卷发深受欢迎的主因。

上卷技巧6

反C字卷

俏丽中带着复古气息

侧面

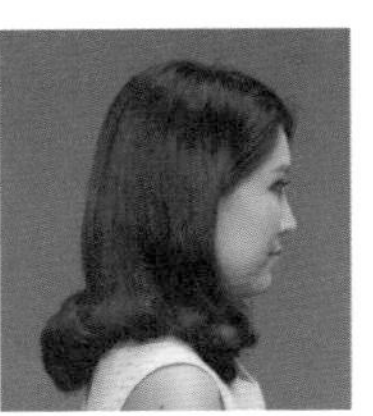

背面

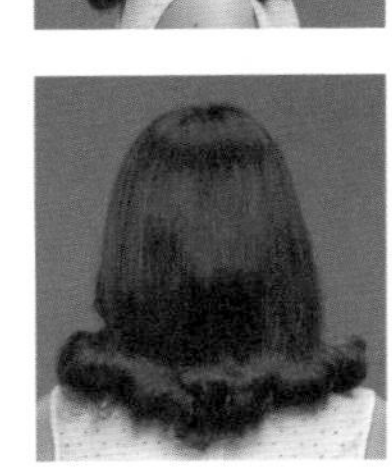

怎么做

1

挑选抗热且兼具造型效果的抗热打底喷雾，均匀喷洒于发尾至发中部位，强化后续加热时发丝的耐受度与支撑效果。

2

将全头头发分成8~10区后，逐一以斜款平板夹固定于发尾处，略往外卷，稍作整型后放开，打造反C字效果。

3

完成后，使用立即定型产品，于整头做均匀喷洒固定，也可针对发尾部分加强。

这款卷发可以直接利用斜款平板夹创造明显弯度，只在发尾刻意烫出卷度，打造活泼又俏丽的效果。

第2章

Part 2

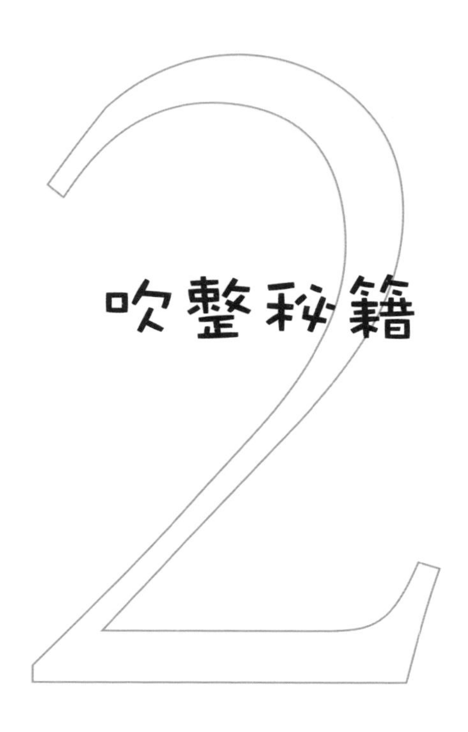

吹整秘籍

易上手！
只要基本整发工具
就能完成

吹整技巧是每一个人都能轻松学会的整发技巧，只需要准备一台吹风机和一把梳子，搭配整发产品以及在吹整时进行小范围的变化，就能创造出靓丽的造型！快把这些技巧学起来，晋身时尚女孩吧。

公式 1
空气刘海

流行杂志上的韩妞刘海

造型难度	花费时间	适合脸型	适合发质	适合发长
★	5 分钟	长脸	皆可	中、长发

侧面

“韩风”来袭，韩国女星的造型成为女孩们仿效的对象。在韩式发型中，刘海至少占了发型关键的60%~70%，选对刘海不仅能修饰脸型，还能营造出不同风格。女孩们，试着动手剪剪看吧！

怎么做

1

从两眉眉尾往头顶中央的中心点位置抓出头顶部分三角区，这一区就是要剪刘海的区域。

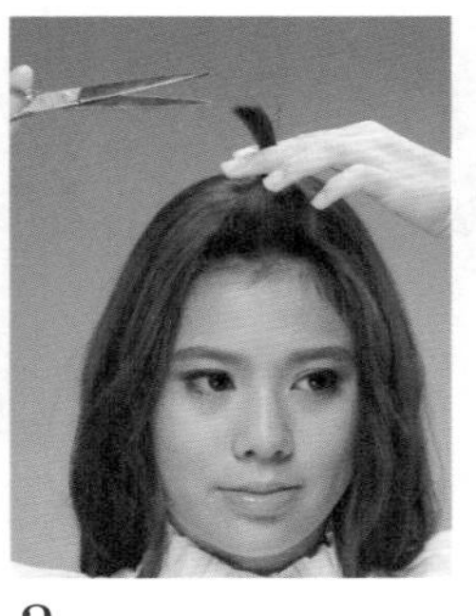

2

用食指和中指将发束夹住，扭转180度之后，另一只手拿剪刀，从发根8~10厘米处以水平平剪方式剪下。

3

稍微将刘海拨开，并以吹风机将发根吹蓬，两侧刘海中分，呈八字状，让刘海整体看起来轻盈自然。

刘海长度要盖过眉毛，接着在鼻梁中心位置往两侧加长形成八字效果，空气感也会增加。比起以往的较为厚实的刘海，空气刘海要更轻盈。还可以刻意在两颊留下少许发丝，营造出自然轻柔的质感。

公式 2
斜刘海

利落中带点妖媚的中短发造型

造型难度	花费时间	适合脸型	适合发质	适合发长
★	8 分钟	皆可	一般或细发	中短发

侧面

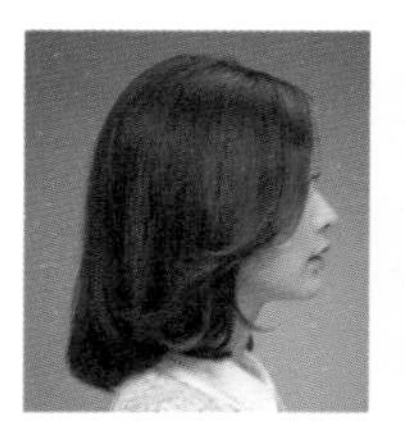

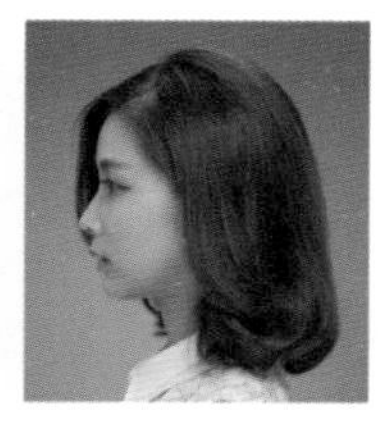

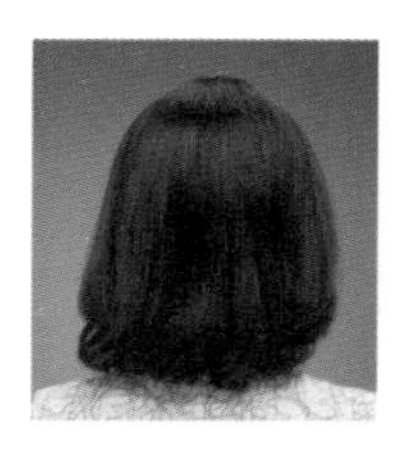

怎么做

1

利用蓬蓬粉轻撒于刘海发根，让发根立体且蓬松，不会过度扁塌。

2

抓出刘海位置之后，利用吹风机和圆梳将刘海往上吹拉梳整，增加发根处的蓬松立体感。

3

接着将圆梳往发尾处移动，配合吹风机往前拉直发丝，再稍微往侧边带过，完成吹整。

注意

建议使用直径较大、梳齿细密的圆梳款式。

斜刘海并非现在才盛行，只是现在盛行的斜刘海是从眉头位置往单侧逐渐加长的、不厚重的、注入轻盈空气感的。我们可以在刘海发尾吹出一点点弯度，使刘海变蓬松。

公式 3
平刘海

邻家女孩的清新气质

造型难度	花费时间	适合脸型	适合发质	适合发长
★	5 分钟	皆可	皆可	中、长发

侧面

没有习惯留刘海的女孩们，可由平刘海开始尝试，并且两颊可以剪一点层次感，达到修饰脸型的效果。

怎么做

1

剪平刘海时，记得要先将修剪的位置区分出来，以扁梳梳顺，拿捏自己预期修剪后的发长。

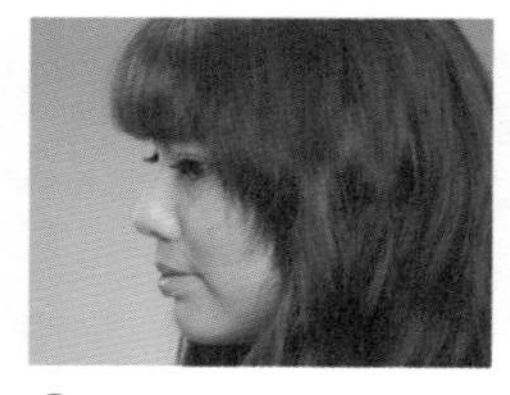

2

利用扁梳梳起刘海发尾后，直立剪刀慢慢地由右至左将发尾剪出小小的锯齿状，使边缘较自然、不厚重。

3

以大圆梳将刘海发尾往发根水平固定，吹风机由上往下吹时，握住圆梳的手轻轻地往前、往下移动。

4

避开刘海，全头抹上抗毛躁发品后，将头发拨松，呈现柔顺又自然的空气感。

经典的平刘海是长至眉毛与眼睛之间的，但今年起更往上缩短，长度大约是额头高度的3/4，脸际两侧则加长形成两端长、中间短的形状。这样的平刘海能够修饰颧骨，让脸型拉长，使五官更立体、集中。

公式 1

Z 形分线

轻松打造新造型

造型难度	花费时间	适合脸型	适合发质	适合发长
★★	3 分钟	皆可	皆可	皆可

侧面

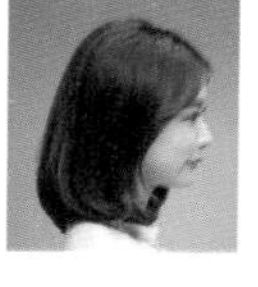

背面

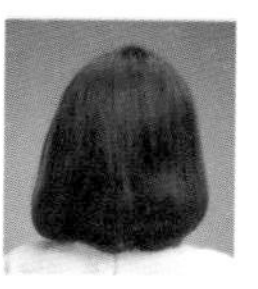

改变分线能改变个人的发型与形象，旁分的分线在近年逐渐变为中分或是更往两侧移动的2 ：8分线。分线重点在于要模糊分线、营造出发丝自然垂下的感觉。

怎么做

1

洗完头用吹风机略微将发根分线吹至半干，并将发线周围拨松，将原本的分线模糊，避免头顶的分线太清晰。

2

用尖尾梳以Z字形画法，分出属意的分线位置。再用尖尾梳将分好的头发往左右两侧梳顺，将头发吹干。

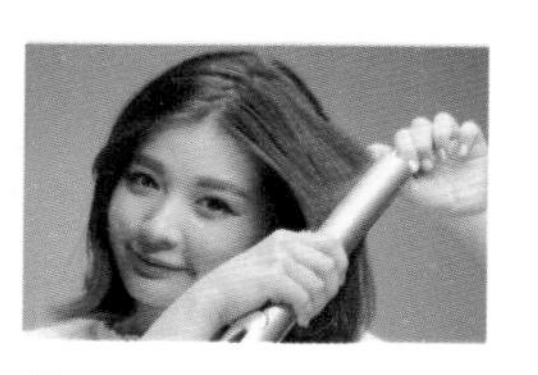

3

使用平板夹前，以抗热喷雾打底。之后将头发分成8~10撮发束，用斜款平板夹从发束靠近发根处，往发尾慢慢滑过。

4

每固定一处稍作停留后，将平板夹略往外转动，制造蓬松的效果，加强发尾部分。重复动作完成所有发束。

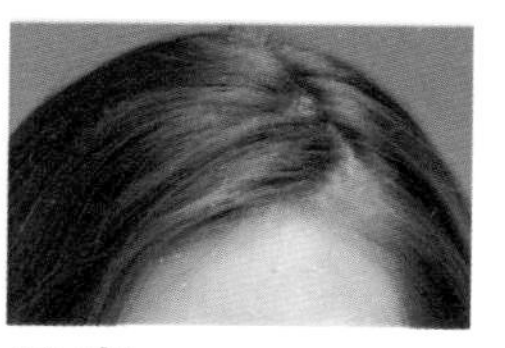

注意

如果旁分，分线不是直的，而是斜斜地往头顶部位分，只会从前额看到少许的分线，后方则都隐藏起来。Z形分线可以使顶部区头发更蓬松。

一般人洗发时多从分线洗起，因此分线不宜太固定，最好时常更换，以免让固定分线处的发量减少。刚变换分线时头发难以服帖，约两周后即可固定。

变化 1
韩系中分

时尚度满分的好打理发型

造型难度	花费时间	适合脸型	适合发质	适合发长
★	5 分钟	圆脸	皆可	皆可

侧面

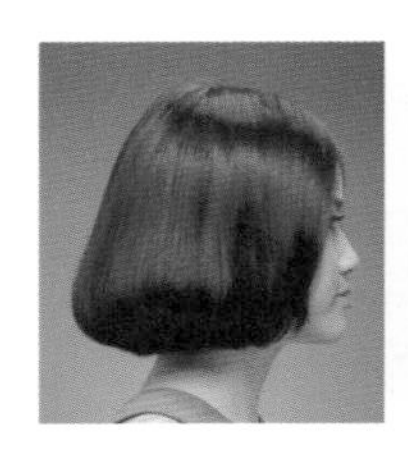

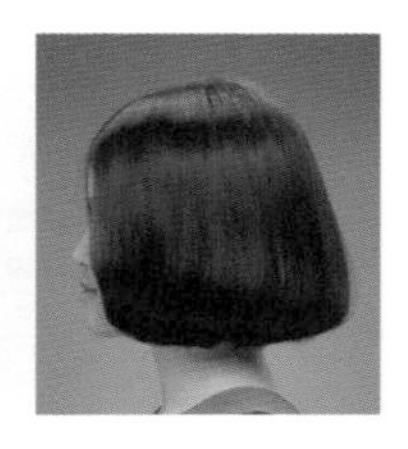

背面

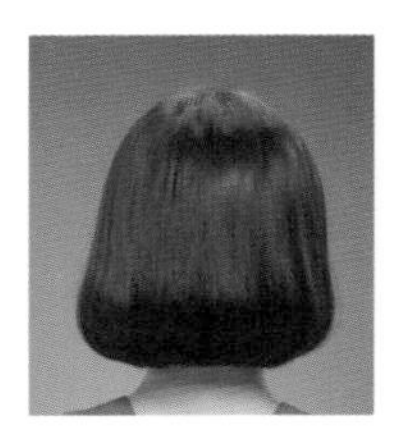

怎么做

1

用尖尾梳以 1 ：1 的比例，将头发中分。在发根处使用蓬松效果的产品，让发型不扁塌。

2

抓取顶部 V 型区 0.5 厘米宽的发束，以玉米须夹轻夹发根处，增加发根立体度。

注意

玉米须夹要使用在内层头发上，外层要保留原本的发丝线条才不会突兀。

3

将头发分为 6~8 区，分别用 32 毫米电棒在发尾上卷（最多 1 圈），只要卷出向内的 C 字形弯度即可。

注意

掌控电棒的弧度时要小心，不要上卷超过 1 圈，否则就会制造出波纹而不是 C 字形弧度。

4

将慕丝在手心均匀抹开后，轻抹于发尾内 C 字形弯度处，再以圆梳轻轻梳开，创造光泽感并固定卷度。

造型解析

中分搭配适度的发长，有修饰颧骨的效果，但要保持发根的支撑度，才能创造出头形的立体感。想呈现韩系的时尚感，电卷棒与玉米须夹在小细节处的运用十分重要。

变化 2
韩系大旁分

及肩短发也能呈现浪漫氛围

造型难度	花费时间	适合脸型	适合发质	适合发长
★★	5 分钟	皆可	细发	中短发

侧面

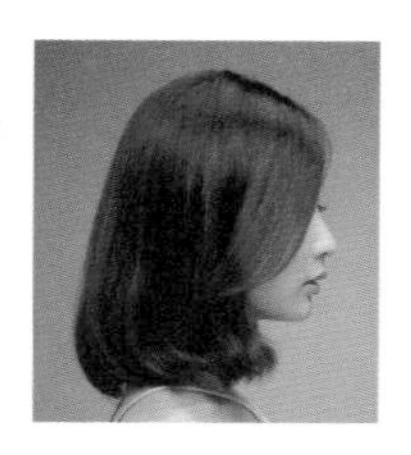

背面

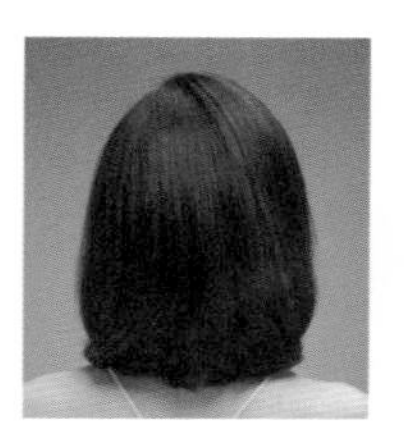

怎么做

1

先将头发抓出 2 ：8 分线，再抹上适量的慕丝协助固定分线处，并将头发梳顺。

2

吹整易扁塌的发根处，让头顶发丝蓬松。圆梳固定发束时要拉直吹整，才能让发根充满张力与支撑度。

3

喷上适量的抗热定型喷雾，利用圆梳从发根吹到发尾，做出柔顺的圆弧感。

4

最后用 32 毫米电卷棒在发尾处做出微微弯曲的外翘弧度。

造型解析

大家经常在韩剧女主角的发型设定中看到这款发型，它比常见的分线比例更大，不仅充满空气轻盈感，还能呈现具有女人味的浪漫氛围。

变化 3

花式分线 + 离子夹

充满自然感的韩妞水波头

造型难度	花费时间	适合脸型	适合发质	适合发长
★★	10 分钟	方、圆脸	细发	中短发

侧面

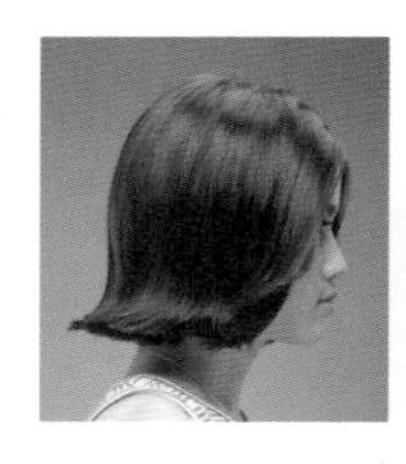

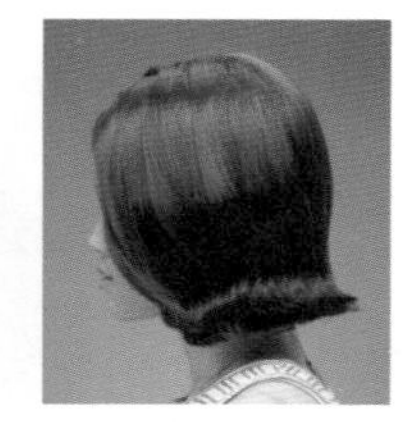

背面

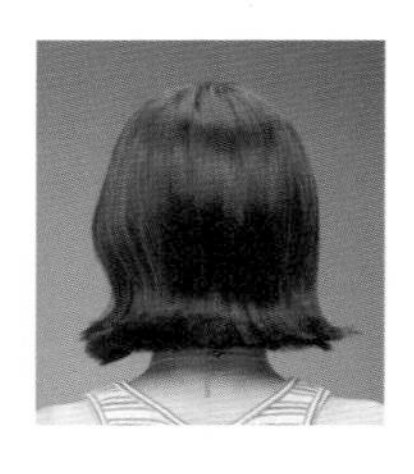

怎么做

1

先在发根处喷上发根蓬松喷雾制造出发根的蓬松感，再用尖尾梳挑出交错的中分分线。

注意

刻意创造交错的中分发线与发尾弧度，能让这款造型更有朝气与层次感。

2

将头发分为数区，使用平板离子夹一一将每区头发仔细夹顺，并在发尾夹出外翘弧度。

3

刘海处同样运用离子夹分别朝外夹出弯翘弧度，让它更有整体感。

4

使用具有定型功能的喷雾，喷洒于外翘的发尾处，让弧度能更加持久、不变型。

造型解析

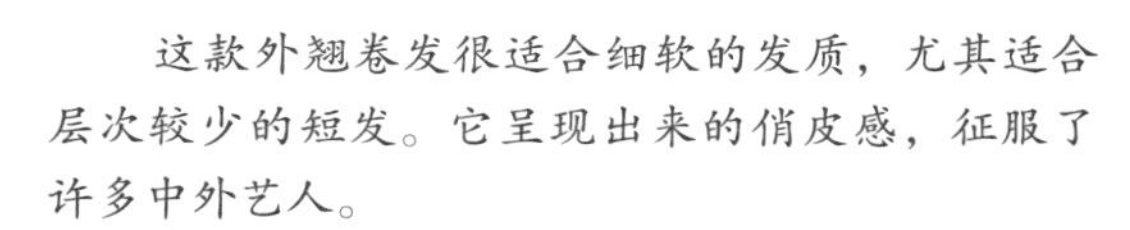

这款外翘卷发很适合细软的发质，尤其适合层次较少的短发。它呈现出来的俏皮感，征服了许多中外艺人。

变化 4

轻盈鲍伯头

带有迷人层次感的微翘短发

造型难度	花费时间	适合脸型	适合发质	适合发长
★★	5 分钟	皆可	皆可	中短发

侧面

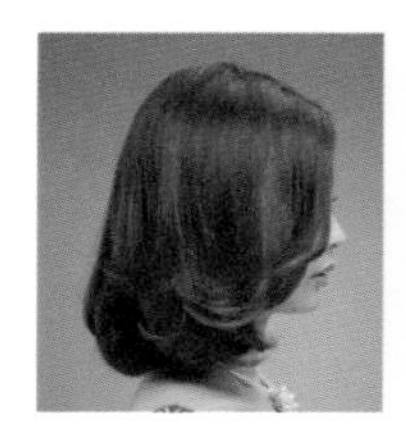

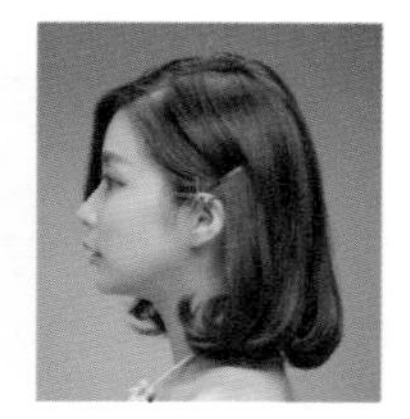

背面

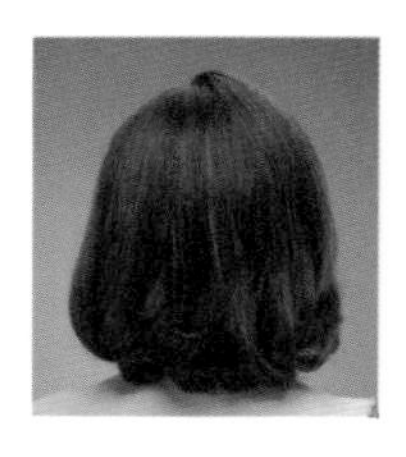

怎么做

1

先喷上具有蓬松效果的造型品，提升头发的丰盈感并加强保湿度。

2

将头发分成数区，用25毫米电卷棒于发尾处往内以平卷方式上卷。注意制造发尾的内弯弧度时，只要绕一圈即可。

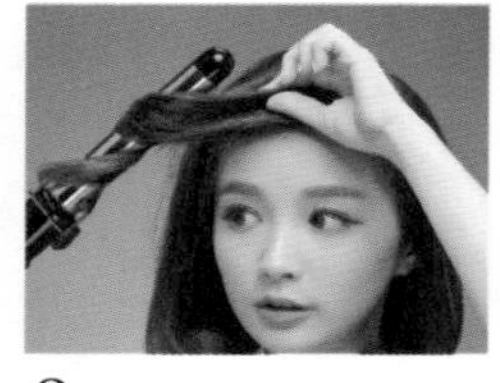

3

刘海处以25毫米电卷棒以往外的方向上卷，创造柔美轻盈的线条感。

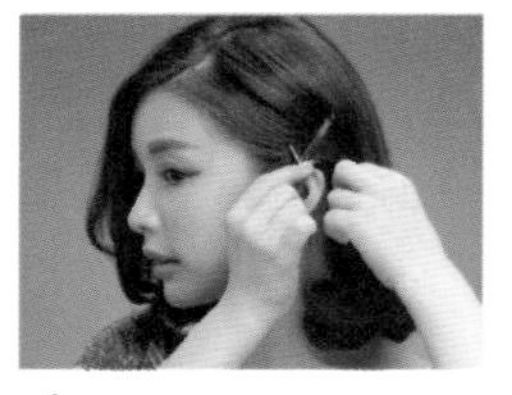

4

将一侧的头发别于耳后，选择长型发夹由前往后夹在耳朵上方。

造型解析

鲍伯头最早来自50年代，由英国发型师Vidal Sassoon所创造，发型特色是以丰盈的包头修饰各种不完美的脸型，还有在视觉上让脸型变小的好处呢！这里将发尾做了微翘的设计，既保留了鲍伯头的特色，又使视觉感更轻盈。

变化 5

Q 弹混合卷

多种上卷方式
打造自然感卷度

造型难度	花费时间	适合脸型	适合发质	适合发长
★★★	10 分钟	皆可	皆可	中短发

侧面

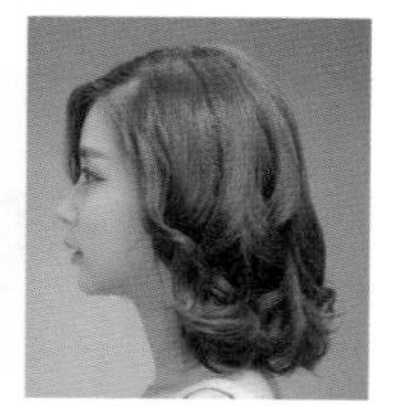

背面

怎么做

1

先将头发平均分成8~10区发束。在脸部轮廓处的发束，用25毫米电卷棒以往外的方向上卷，制造出卷度。

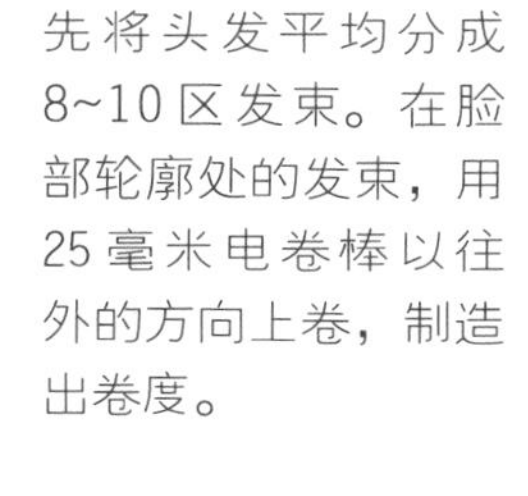

2

靠近脸部轮廓处依序以外卷、内卷、外卷相互交错的方式，完成混合卷发上卷步骤。

3

待发丝温度稍降后，以手指轻轻拨松卷度，头顶处也要记得抓出蓬松感。头发温度降低后再拨松，卷度才会较为固定。

4

上卷处喷上适量定型喷雾，以固定漂亮卷度。

造型解析

过度工整的卷度容易让人感觉老气，使用不同方向的上卷手法，交错运用内、外卷，能让发型显得自然、活泼，尤其适合及肩发，使人俏皮中带有一丝妩媚气息。

公式 6

S 形外卷

打造名媛风的时尚蓬松卷发

造型难度	花费时间	适合脸型	适合发质	适合发长
★★★	15 分钟	皆可	中等粗细	长发

侧面

背面

怎么做

1

在头发上喷上抗热喷雾，起到保护头发与固定卷度的作用。

注意

发束内外两侧都要均匀喷上喷雾。

2

将头发分成20~25撮发束，将两管夹与发丝垂直，将发丝以8字形缠绕于两管夹上。

3

待头发温度稍降、卷度固定之后，再用双手手指将头发拨松，让卷度自然呈现。

4

最后，再次使用定型喷雾喷洒全头头发，固定头发的卷度即可。

造型解析

运用电卷棒将发束以8字形的缠绕方式上卷固定，加热后放开就能产生S型往外的线条效果，这也是较多韩国女性会使用的上卷方式。S型外卷与其他卷发比较起来蓬松的效果更好，也因此看起来更大气，多了名媛千金的华丽感。这款发型的技巧就在于两管夹的运用。

第3章

Part 3

编发秘籍

一看就懂！
流行编发全图解

女孩们想要再进一步变化发型，一定要学会的就是各种编发手法，通过扭转、双股辫、三股辫和蜈蚣辫等技巧，结合时下流行的发型，跟随步骤图解，一看就懂、一点就通，轻轻松松就学会了！

公式 1
扭转

靠单股扭转完成的变化款公主头

造型难度	花费时间	适合脸型	适合发质	适合发长
★★★	15 分钟	长脸	中等粗细	中长发

侧面

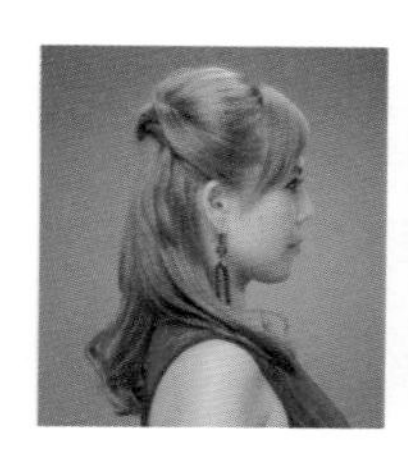

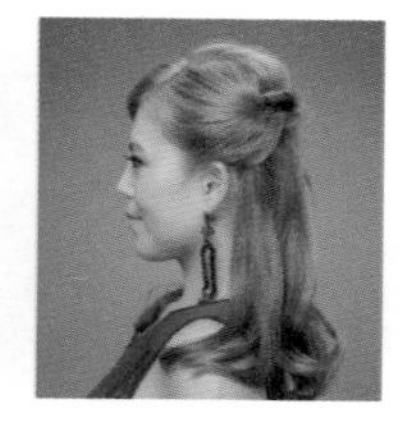

背面

怎么做

1

在全部发尾处利用32毫米电卷棒以往内的方向上卷，做出柔顺的卷度。

2

于左、右侧各抓取一撮发束，右侧发束水平扭转至占头围3/4处，用小黑夹将发尾固定，左侧发束以同样方式扭转、固定。

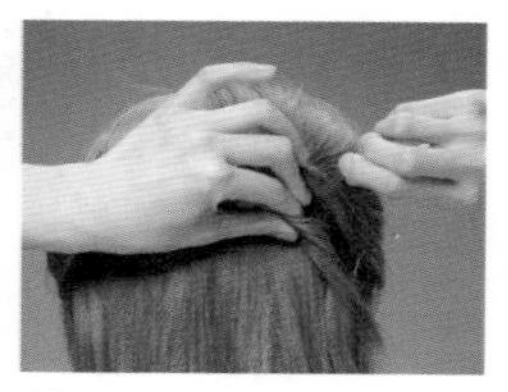

3

将左侧扭转的发束排列在下方，调整好位置后，用小黑夹将发尾藏入上方发束的发根蓬松处。

4

最后，运用尖尾梳将头顶处的头发挑松，让头型显得圆润、不扁塌。

注意

从两侧完成的扭转发束务必要排列整齐，并将发尾仔细藏好，这样才能营造出精致的效果。

单纯使用扭转手法，只要细腻地水平堆叠，也能完成看起来十分优雅的公主头，这就是这款发型的强大魅力。

公式 2
两股辫

初学者也能轻松
完成的漂亮编发

造型难度	花费时间	适合脸型	适合发质	适合发长
★★★	10 分钟	皆可	粗发	长发

侧面

背面

怎么做

1

将头发分成5区，先将最上方的第一区绑成公主头，再绑第二区，并将第二区发束从第一区发束中穿出。

注意

依个人发量分区，分区数越多，打造的线条弧度越细致；分区越少则线条越明显。

2

如图在第一层发束的红点位置绑上橡皮筋，再将第二层发束由上向下拉出。注意不要绑得太紧。

3

接着再将第三层发束松松地绑起，并将第一、二层的发束穿入第三层下方。

4

第四层与第五层都重复步骤3，并将最后的两束发束尾端用橡皮筋固定。

5

最后，以手指轻轻拉松发辫，让两股辫呈现较为自然的感觉。

造型解析

两股辫是初学者入门的基础手法，编发技巧虽然简单，但其实光靠它就能打造出令人惊艳的华丽编发，宛如迪士尼的茉莉公主的发型。

公式 3

两股加辫

洋溢线条美感的典雅发箍头

造型难度	花费时间	适合脸型	适合发质	适合发长
★★★★	15 分钟	瓜子脸、长脸	皆可	中长发

侧面

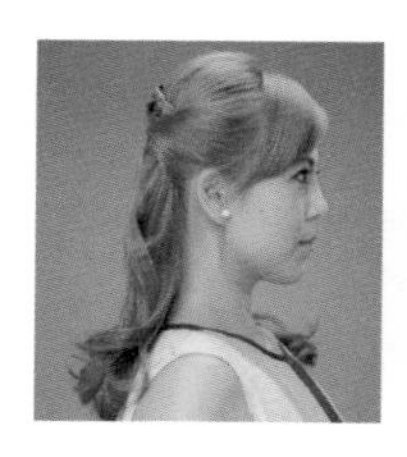

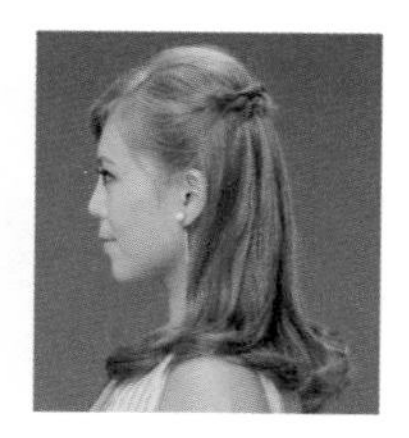

背面

怎么做

1

取适量塑型胶涂抹于头发上。于左右耳侧各抓取一撮发束，由左侧以两股加辫的方式开始往右侧编发。

2

将发辫编至靠近右侧发束时，先以发圈绑起，再用发夹于橡皮筋处固定。

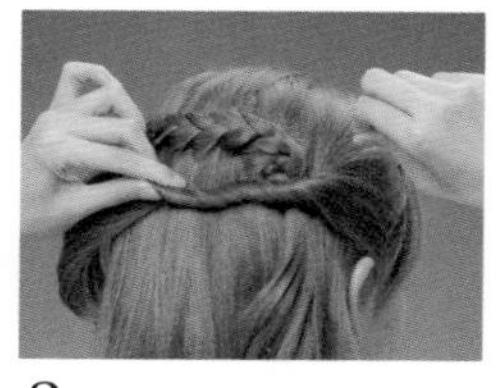

3

将右侧发束轻轻扭转，调整位置，完全盖住步骤 2 的发结固定处，再用小黑夹固定扭转处。

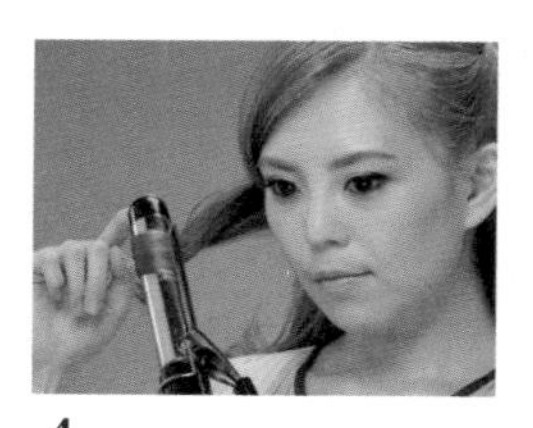

4

用 32 毫米电棒在发尾处将发束往外、往上卷，制造出略微弯翘的自然卷度。

这款发型非常适合搭配波希米亚风或是浪漫风，利用横向编发搭配电卷棒制造出的随意卷度，平易近人又十分有特色。

公式 4
三股辫

双边花式编发 带来甜美气息

造型难度	花费时间	适合脸型	适合发质	适合发长
★★★	10 分钟	皆可	皆可	中长发

侧面

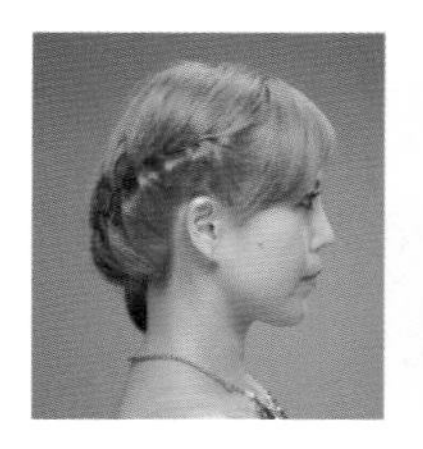

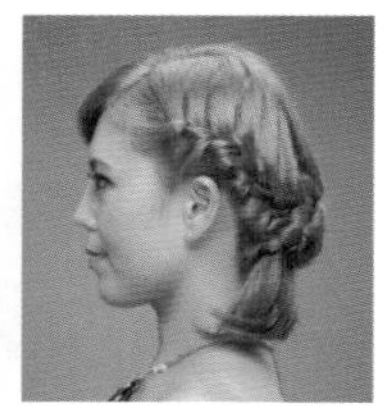

背面

怎么做

1

将头发以左右 4 ：6 的比例分成两大区，接着从右耳上方取一撮发束，分成左 A、中 B、右 C 三股（见 p.32）。

注意

不刻意中分发量，顺着自己原有的分线，让发尾顺着颈部延伸，反而突显女人味。

2

以 B 压 C → C 压 A → A 压 B 的逆三股加辫，编至发尾后以橡皮筋固定，并以相同技法完成左侧编发。

3

在完成的三股辫发尾处加以对折后，以右下左上的方式交错，并用小黑夹固定。

4

将左侧的三股辫发尾往内收并以小黑夹固定，另一边以同样方式完成。

三股辫应用最广泛，如果想要让编发看起来与众不同，可尝试逆三股辫。逆三股辫更能收拢发丝，且看起来更立体，能打造明显的线条。

公式 5
三股加辫

收拢至侧边的异国风发辫

造型难度	花费时间	适合脸型	适合发质	适合发长
★★★	10 分钟	皆可	皆可	中长发

侧面

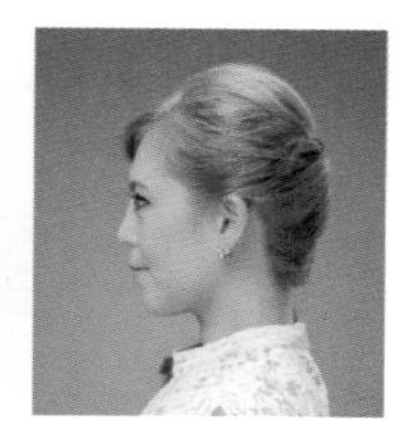

背面

怎么做

1

于发根处均匀喷上蓬松喷雾，并用手指拨松头发，制造空气感与蓬度。

2

由头顶正上方左侧，往右下方斜斜做出三股加辫编发，编到右侧约耳朵下方高度后以发圈固定。

3

在耳下固定的发束中抓出一小撮发丝，以该发丝缠绕于步骤2的发圈固定处。

4

刘海处则用吹风机搭配圆梳，以略斜的角度吹整。发根处记得吹出蓬松感。

注意

记得用圆梳抓取刘海时，可稍微往上拉直再吹整，让发根有支撑力并注入空气感。

5

发尾处喷上丰盈喷雾，再以32毫米电棒卷出弯度，即可完成发型。

打破以往从头顶开始的三股加辫，改由侧边开始进行，借编织出的发丝线条，搭配上花朵发饰，呈现出不同于以往的独特风情。

公式 6

蜈蚣辫

让优雅造型
带有一分个性美

造型难度	花费时间	适合脸型	适合发质	适合发长
★★★	10 分钟	皆可	细、中等发	中短发

侧面

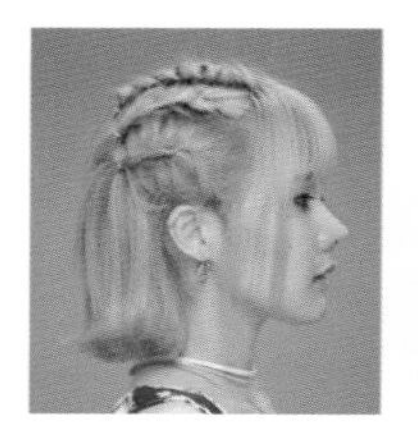

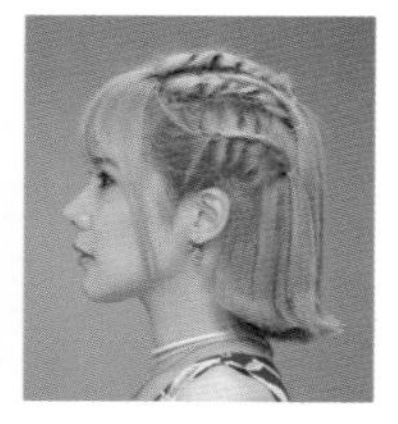

背面

怎么做

1

先以细软发适用的造型产品为头发打底，可让后续的发型完成度更高。

2

先将刘海留下，再将耳朵位置以上的其余头发平均分为5区发束，分别稍加固定。

注意

发束分区的背面状态。

3

每区发束都以蜈蚣辫的编发方式完成编发，并以发圈固定。注意编发位置不要超过耳朵上方。

4

将头发分成多撮，用离子夹将未编发区域夹出直顺感与光泽，使用离子夹时不宜停留太久，才能避免毛躁。

蜈蚣辫编发让较为优雅的公主头多了份性感，搭配休闲装扮也相当合适。也可在发尾处做出外翘感，让整体发型更具个性。

公式 7

变形蜈蚣辫

结合公主头的变化款展现甜美

造型难度	花费时间	适合脸型	适合发质	适合发长
★★★	10 分钟	皆可	皆可	中、长发

侧面

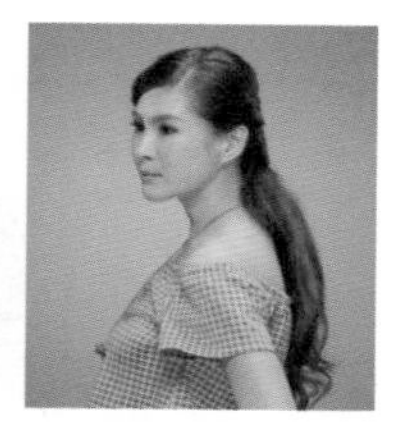

背面

怎么做

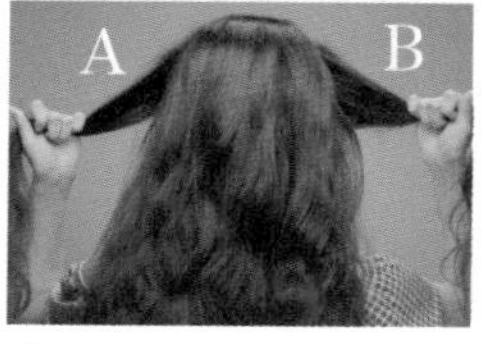

1

从两耳太阳穴发际处各取一撮发束：左A与右B，以A在上、B在下的方向互相交叉。

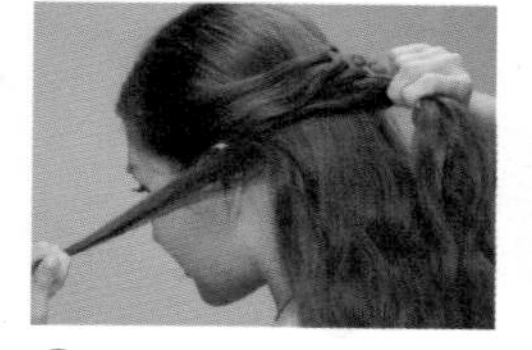

2

从后脑勺中央抓取一撮发束C压在A上；B压过C后，从A发束下方再抓取一撮发束加入B交叉，从B发束下方抓一撮发束加入A交叉，左右重复编至约8厘米。

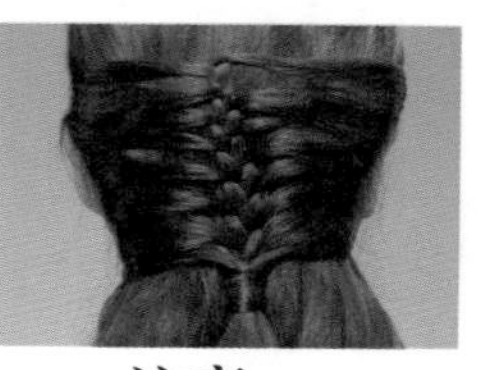

注意

只从发际表层抓一小撮发束加入编发，直至耳下结束。

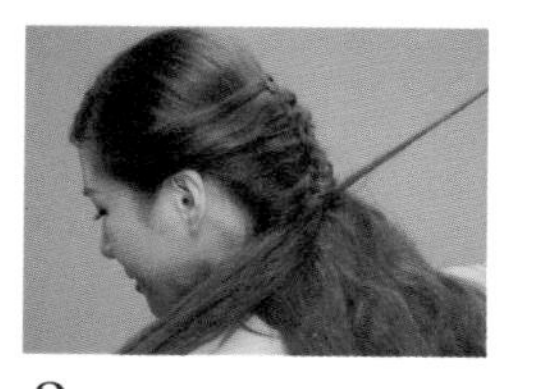

3

抓取其中的一小撮发束，以缠绕方式固定在步骤2的结束位置，并以小黑夹从内侧固定收尾。

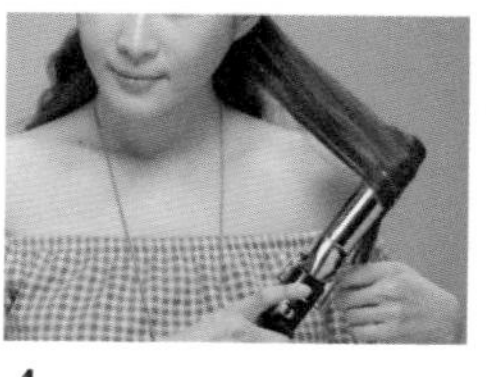

4

将剩余的发束分成4~6束，利用32厘米的电卷棒分别上卷。

注意

用电卷棒上卷的步骤也可以在一开始就进行，让线条波纹更丰富有层次。

蜈蚣辫又称为两股加辫，在每次编发的过程中加入编发区域旁的一撮发束，为了避免整头编满显得单调呆板，并融合了公主头的造型，更有特色。

公式 8
拉花三股辫

让基础编发
多一分恬静气质

造型难度	花费时间	适合脸型	适合发质	适合发长
★★★	10 分钟	除长脸外皆可	中、硬发	中、长发

侧面

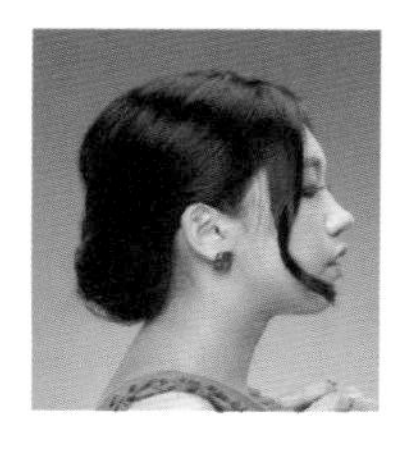

背面

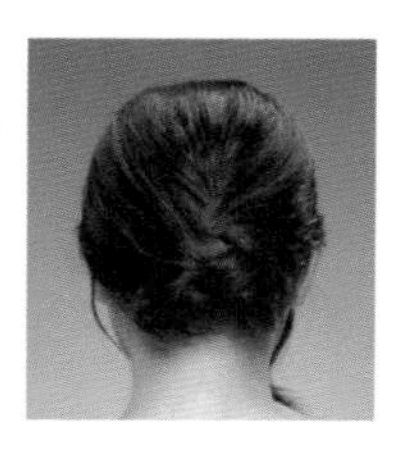

怎么做

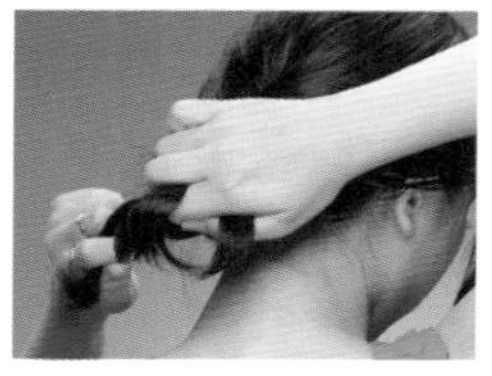

1

先利用吹风机与圆梳吹整，让空气注入发根营造蓬松感。将全区头发以三股加辫（蜈蚣辫）方式编至发尾，收拢所有发丝。

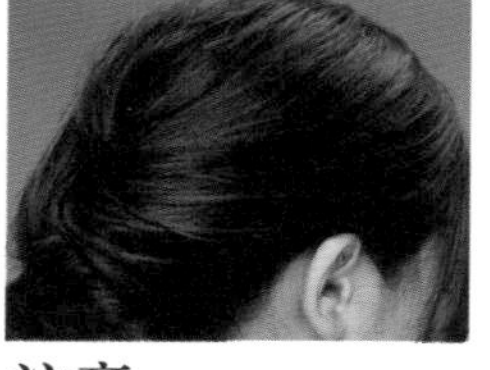

注意

编发时要始终松松地抓取、编入，编发的发量不要太少，营造出蓬松自然的效果。

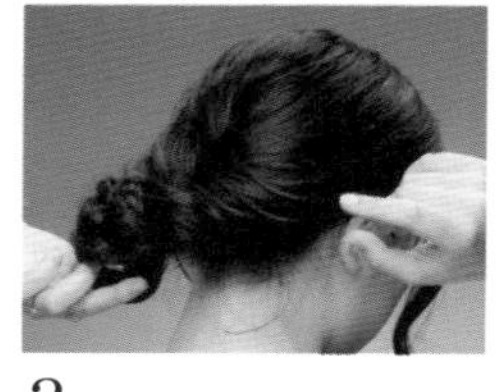

2

以黑色发圈将发辫尾端固定，接着将发辫对折。如果头发较长，可将发辫往内折一小段，再绕圈。

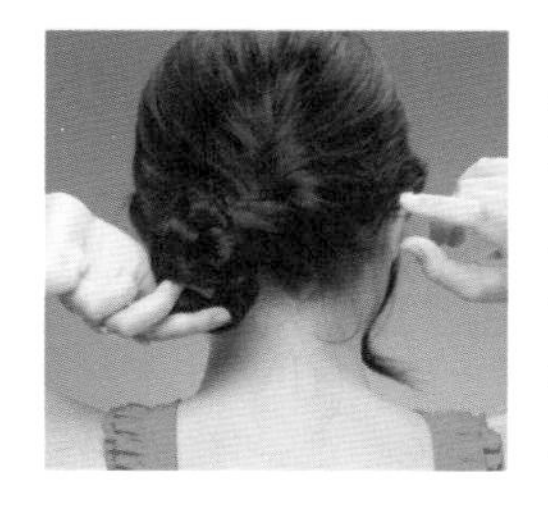

3

再以小黑夹由下往上固定对折的发辫，最后稍微将发辫拉松，制造花型效果并喷上定型液。

摆脱太过死板与服帖的方式，不需要太繁复的编发技巧，只需要运用吹整与三股编发，就能快速创造出充满美感的线条纹路，出席正式场合也没问题！

第 4 章

Part 4

盘发秘籍

运用各种技巧，轻松上手

为什么红毯上的女明星常以盘发造型现身？因为盘发可以完整露出姣好面容与妆感，并呈现优雅、华丽的形象。学会编发技巧后，接下来大家就运用前面所学的，在家完成各种漂亮的盘发造型吧！

技巧1

马尾+三股辫

像米妮丸子头般的俏丽盘发

造型难度	花费时间	适合脸型	适合发质	适合发长
★	5分钟	除长脸外皆可	皆可	中长发、及肩短发

侧面

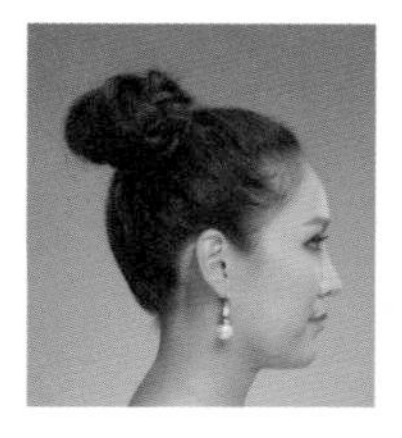

背面

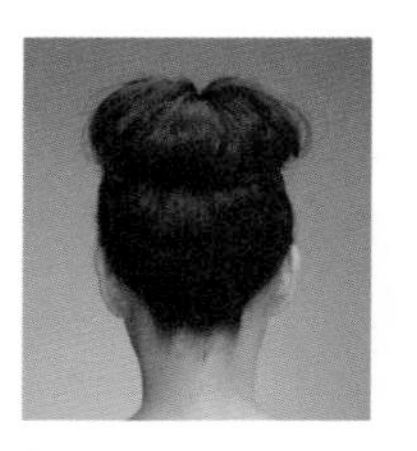

怎么做

1

将全部发丝用手掌聚拢后，在黄金点位置以发圈固定，接着再将马尾分为两束。

注意

记得要在发根保留一点轻盈空气感，避免太过服帖而显得老气。

2

将两束马尾左右分区后，各自编成一条松松的三股辫，编至发尾用发圈固定。

3

分别将完成的三股辫以小黑夹固定于步骤1的发圈固定处外侧。

4

最后调整一下松紧度与发辫位置，完成。

天气炎热或希望看起来更有活力时，丸子头是首选！这个发型以三股辫为基础，做出宛如米妮般可爱的丸子头，及肩短发、中长发都适用。

技巧 2

双股辫盘发

结合简易盘发 变化典雅造型

造型难度	花费时间	适合脸型	适合发质	适合发长
★★★	15 分钟	皆可	粗发	长发

侧面

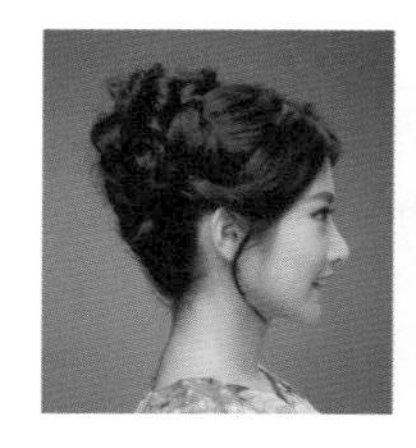

背面

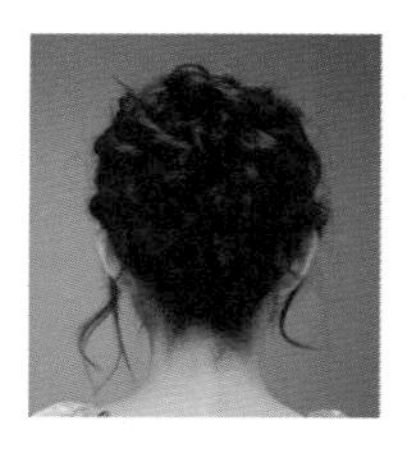

怎么做

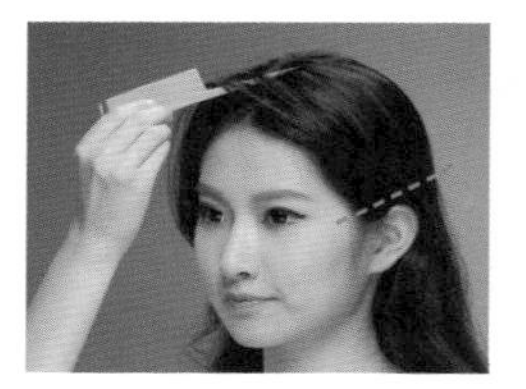

1

以尖尾梳将刘海中线处以闪电状分为左右两区，再以耳际为界分成上下两区，共四区。

2

将上方两大区再均分成四区发束，各自完成两股辫。下方两区则绑松马尾，并用橡皮圈固定。

注意

编两股辫时要适当宽松，不要编得太紧。

3

将步骤 2 完成的上区四条两股辫交互扭转缠绕，并以小黑夹于后脑处固定。

4

将步骤 3 完成的盘发以手指稍稍拉松，使其呈花朵状。

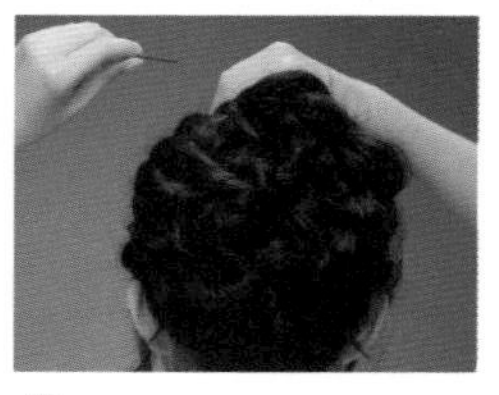

5

在下方两区马尾处也同样做出两股辫，往上方相互扭转缠绕后，以小黑夹固定于头顶处，完成。

造型解析

就像随意拢起的发丝，双股辫盘发可说是极具小心机的发型之一，稍微落下的几撮发丝更添浪漫感。

技巧 3
马尾 + 缠绕

气质高雅的流线盘发

造型难度	花费时间	适合脸型	适合发质	适合发长
★★★	5 分钟	除长脸外皆可	皆可	中长发

侧面

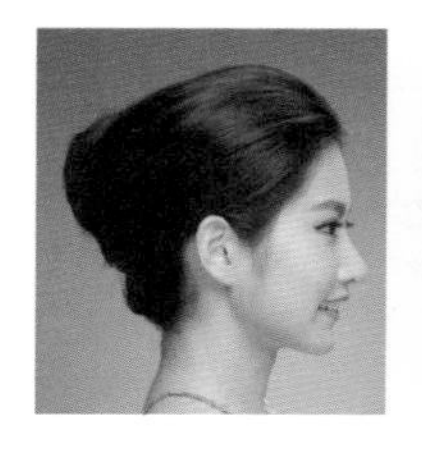

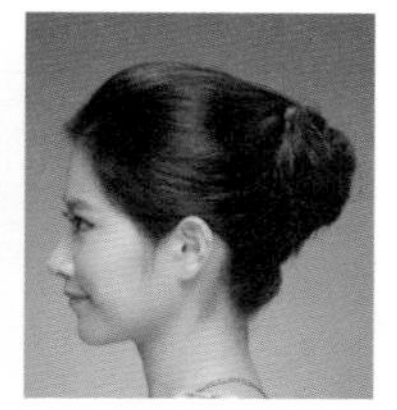

背面

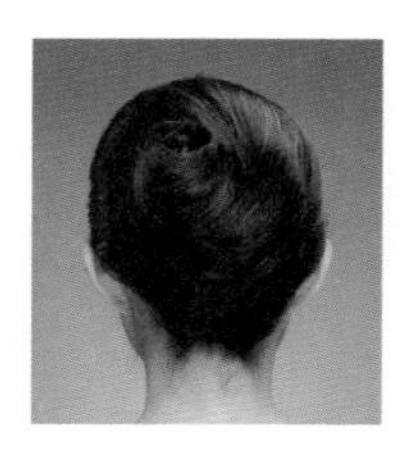

怎么做

1

将头发均分成上下两区。上层先以夹子稍作固定，下层绑成马尾。固定马尾时不能绑太紧，必须留些空间。

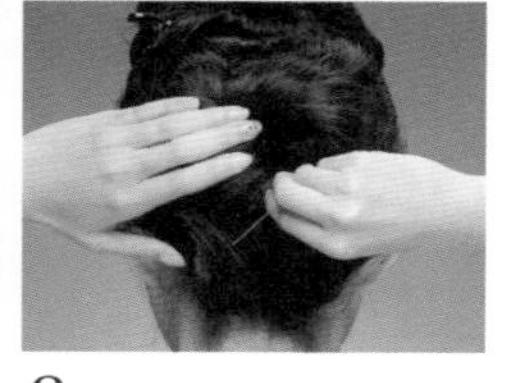

2

将下层马尾以扭转方式缠绕，盘成类似丸子头的造型后，以小黑夹固定。

注意

固定下层盘发的位置要在后脑勺中央偏高处，整体比例才好看。

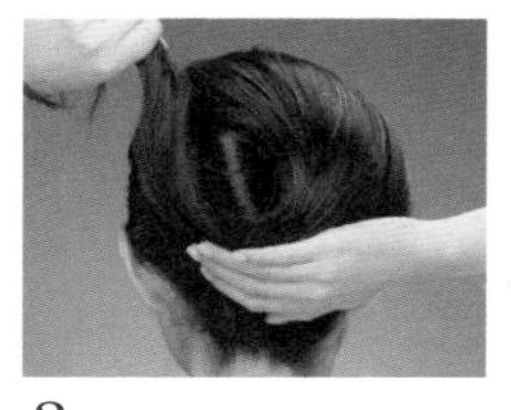

3

将上层头发放下后梳顺，抓住发尾处，由右至左自然且均匀地顺着丸子头缠绕，另一只手顺着发丝托在下方。

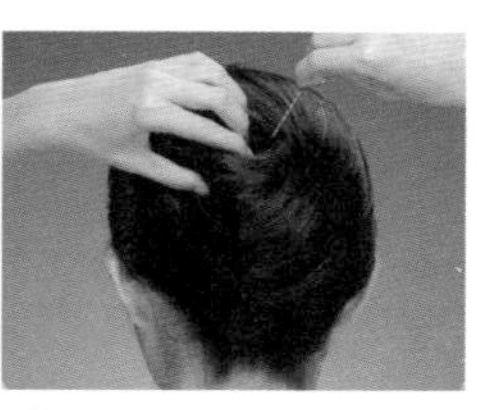

4

将发尾收拢于下层盘发根部，以小黑夹固定后，喷上定型液，完成。

造型解析

这一款看起来正式、线条优美的盘发，是空姐常见的发型，技巧简单且快速，只要拿捏好绑发的分区，配合上熟练的扭转，很快就能上手。

技巧 4

く形蜈蚣辫

基础编发打造 羽毛般纹路的盘发

造型难度	花费时间	适合脸型	适合发质	适合发长
★★★★	15 分钟	皆可	皆可	中短发

侧面

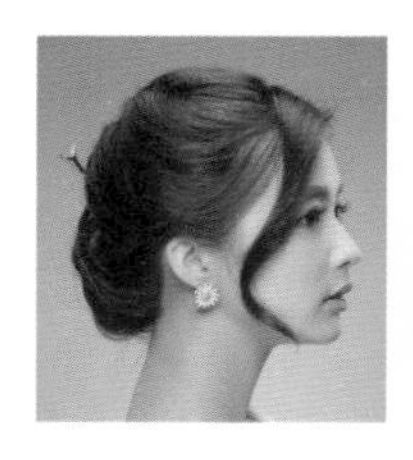

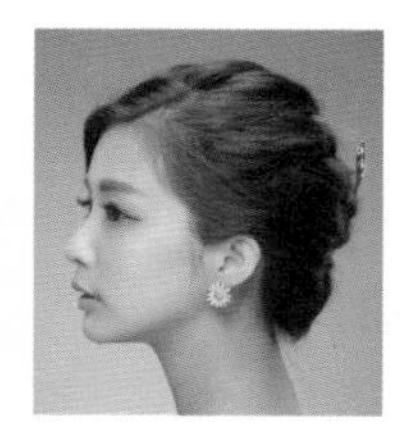

背面

怎么做

1

由头顶的黄金点右上方开始，取一小撮发丝，以蜈蚣辫的手法逐一编发。

2

编发时，由黄金点右上方逐渐绕着头型往左下方编发，再绕至右下方呈圆弧状，编完头发后固定。

注意

这个造型的特色就是“く”字形编发，进行加辫时，控制左右两侧编发的松紧度，即可调整发辫的方向。

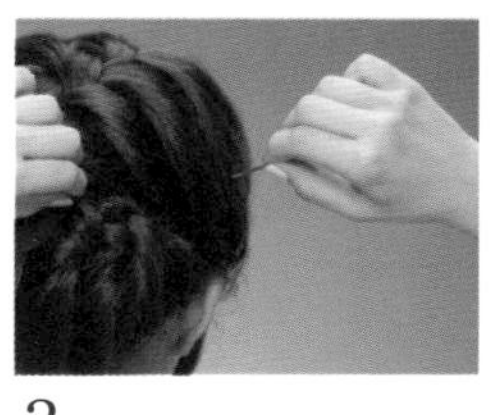

3

将固定后的发尾往上拉至耳朵高度的正后方位置，再以小黑夹加以固定。

4

以手指将发辫略微拉松，让发丝线条不生硬，增加整体造型的柔美感。

造型解析

看起来复杂的花式盘发其实是运用三股辫为基础变化出来的，只要多花一点点时间就能完成适合正式场合的盘发造型。

技巧 5
蜈蚣辫 + 缠绕

带有蓬松线条感的可爱发型

造型难度	花费时间	适合脸型	适合发质	适合发长
★★★★	15 分钟	皆可	皆可	长发

侧面

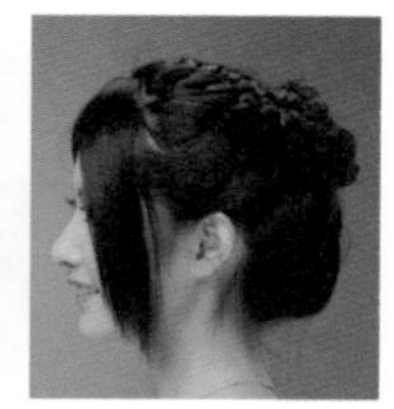

背面

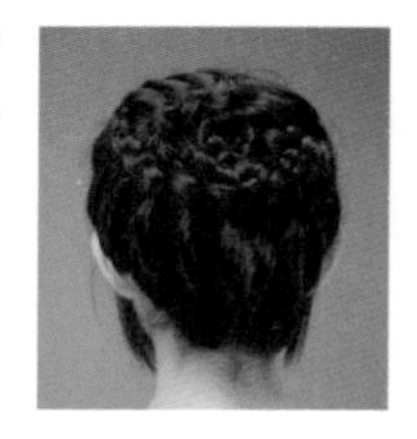

怎么做

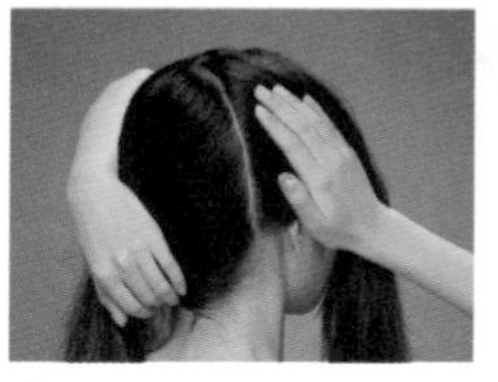

1

取适量的造型霜于掌心上均匀抹开后，涂抹于头发上打底，再以左右 2 ∶ 1 的比例分边。

2

取左侧的发束，以蜈蚣辫的编发方式由左朝右下方向编发，编至发尾处以发圈固定。

3

完成步骤 2 的蜈蚣辫编发后以后脑勺为中心，绕圆盘绕后，再以小黑夹固定。

4

右侧发束则往左下编出蜈蚣辫，朝向中央处直接重叠在步骤 3 的发辫上，以小黑夹固定。

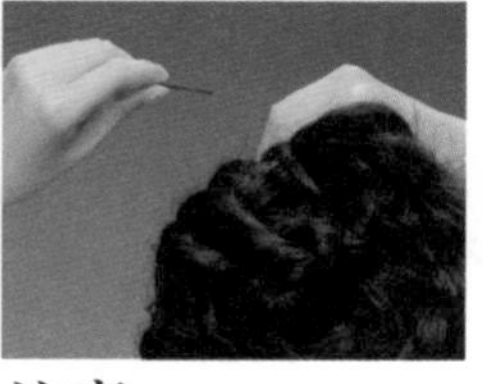

注意

利用小黑夹固定时，记得以和头发垂直的方向插入，能减少小黑夹露出的面积。

造型解析

这是以蜈蚣辫为基础进行的基本盘发之一，非常适合长发的女生，只要搭配好缠绕技巧，就能轻松呈现出可爱清新的气息。

技巧 6
鱼骨辫＋扭转

别出心裁的花朵盘发

造型难度	花费时间	适合脸型	适合发质	适合发长
★★★★★	20 分钟	皆可	皆可	长发

侧面

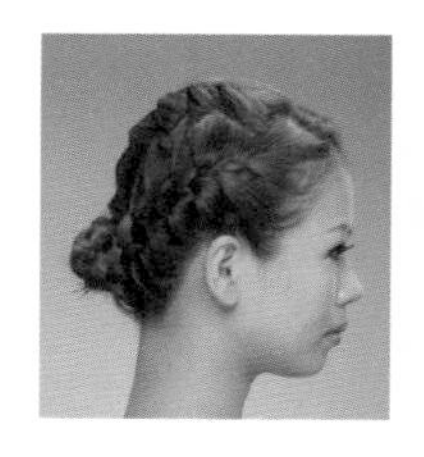

背面

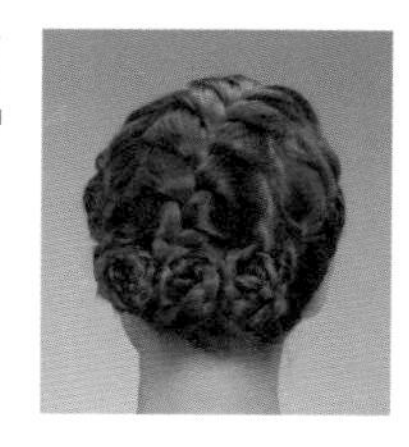

怎么做

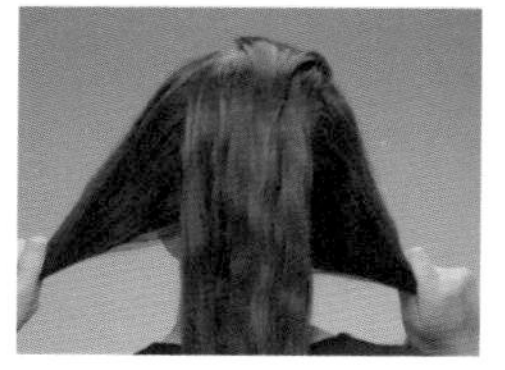

1

将所有头发往后梳顺，并均分成左、中、右三区块。

2

从中间开始编出鱼骨辫后，再将左右区完成，注意辫子不要编至发尾，预留5厘米以上长度。

3

完成鱼骨辫后的状态。

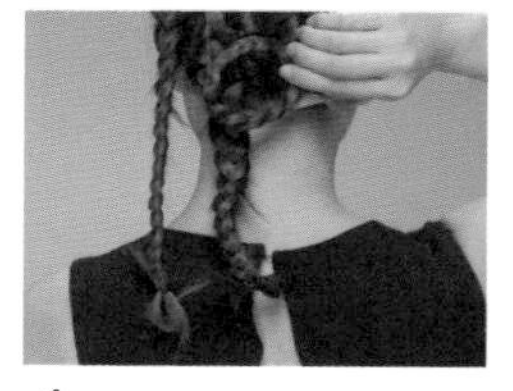

4

发辫尾端以橡皮筋固定，缠绕最后一圈时将发尾对折，如图，在末端形成一个发洞。

5

发瓣以顺时针方向绕圈，将位置调至靠近后脑勺下方，在发尾末端以黑色发夹固定于橡皮筋上，创造出花朵般的亮点。

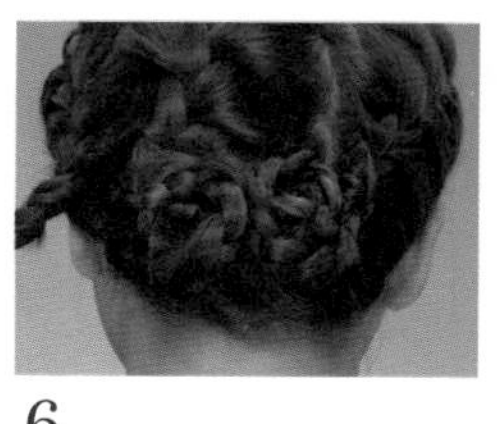

6

发辫缠绕后，完成的花朵造型如上图。

造型解析

看似复杂的鱼骨辫其实非常容易上手，也能将散落的发丝收拢。搭配不同分量的发束进行编发，就能创造不同的鱼骨辫线条，再搭配扭转技巧，不仅柔美，更显高雅。

技巧 7
蜈蚣辫＋三股辫缠绕

充满欧式浪漫的花式造型

造型难度	花费时间	适合脸型	适合发质	适合发长
★★★★★	20 分钟	皆可	皆可	长发

侧面

背面

怎么做

1

将全区头发分成上、中、下三区，左侧以横向辫的方式，抓取上方发束加入，到最右侧时改成蜈蚣辫的方式，上下分别加入发束加辫完成。

注意

如果想要让辫子转弯，只要改成蜈蚣辫的方式，从两侧分别加入发束加辫，编发走向就会跟着移动。

2

完成蜈蚣辨后，改以三股辫方式将剩余发丝编完。

3

发尾对折后利用黑色发圈固定。

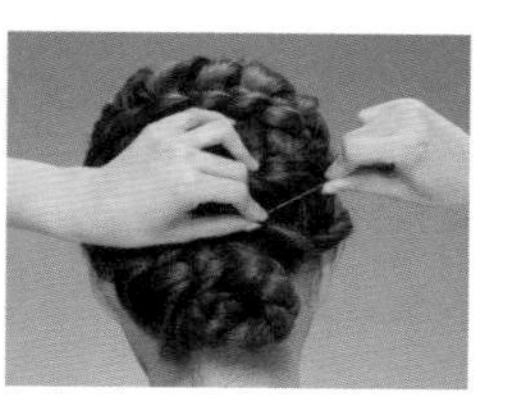

4

完成的发辫按顺时针方向扭转，先固定在耳下位置，尾端往右侧藏起，以小黑夹固定。

这个造型也属于横向辫＋蜈蚣辫的变形款，完成的S型纹路既自然又华丽，尾端用花朵造型收拢，极具巧思。

技巧 8

横向蜈蚣辫

挑战高阶编发，
打造立体发型

造型难度	花费时间	适合脸型	适合发质	适合发长
★★★★★	20 分钟	皆可	皆可	长发

侧面

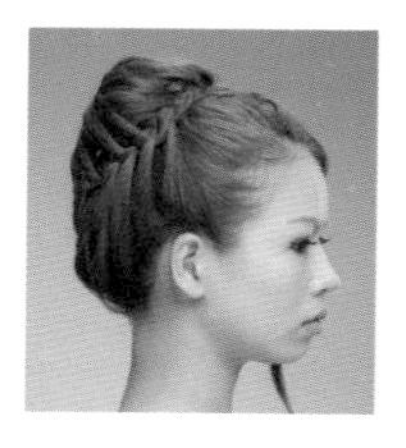

背面

怎么做

1

先从后脑勺右上方抓取一个圆形发束进行分区，此为加编区，尽量让两区发量维持在左右 1.5 ∶ 1 的比例。

注意

从侧边看起来的分区状态。

2-1

从左侧头顶抓取上 A、中 B、下 C 三股发束。以 B 往上、A 往下的方向互相交叉后，让 C 压在 A 上；C 压过 B 后成一束。

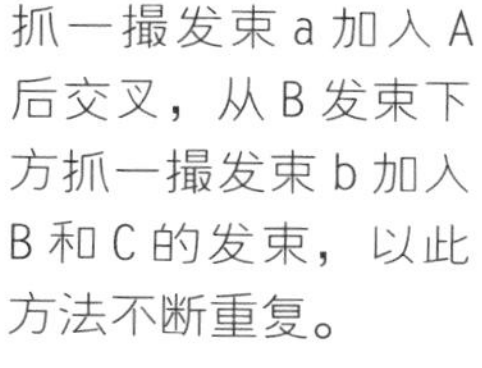

2-2

从加编区最左侧边缘抓一撮发束 a 加入 A 后交叉，从 B 发束下方抓一撮发束 b 加入 B 和 C 的发束，以此方法不断重复。

3

通过上下不断重复加入发束的动作，让辫子呈现由左往右、往右上、最后往中间移动的效果。

4

将加编区发束编至最右端后，以黑色发圈固定，利用小黑夹将发尾藏入、固定。

造型解析

横向蜈蚣辫与蜈蚣辫编法相似，区别在于从由上往下编改为由左往右（或右往左）编，并加入下方的头发，通过横向编发将所有头发如画圈圈般收拢，呈现超立体的发型。

第5章

Part 5

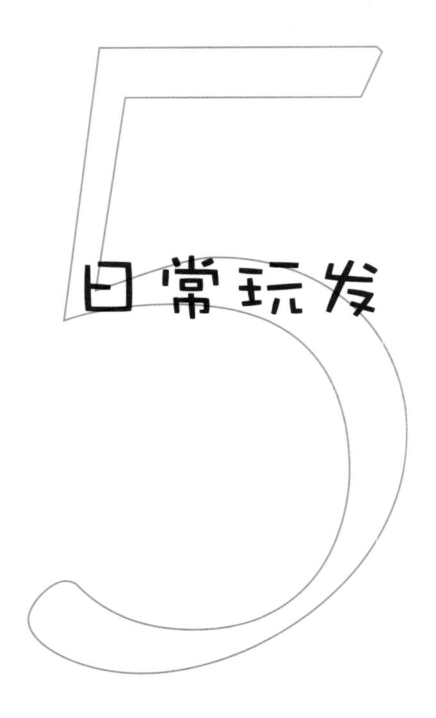

日常玩发

不同发长的造型变化

学会了前面几章的各种整发技巧并加以练习后，现在是否能随心所欲地变化发型了呢？接下来要将各种基本技巧应用在不同发长上，不论什么长度，这些技巧都可以交互运用，让自己的日常造型多一点巧思和变化！

运用 1
吹整＋上卷

充满自然卷度的韩妞水波头

造型难度	花费时间	适合脸型	适合发质	适合发长
★★	8 分钟	皆可	细、中等发	短发

侧面

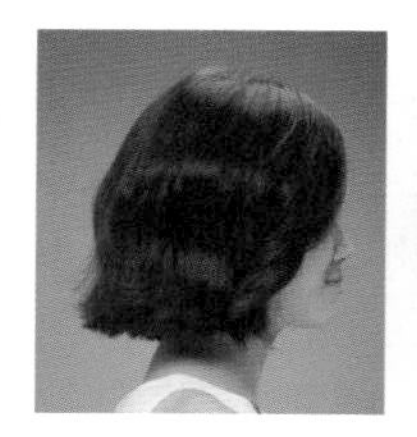

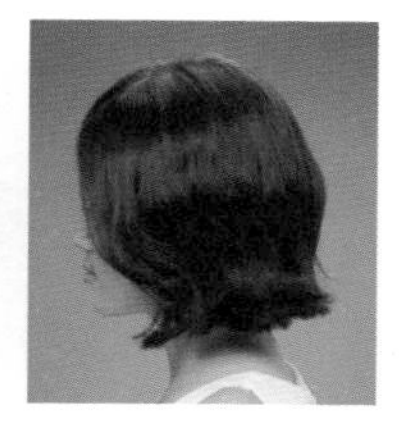

背面

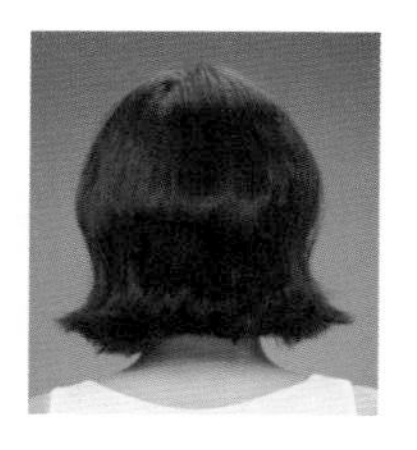

怎么做

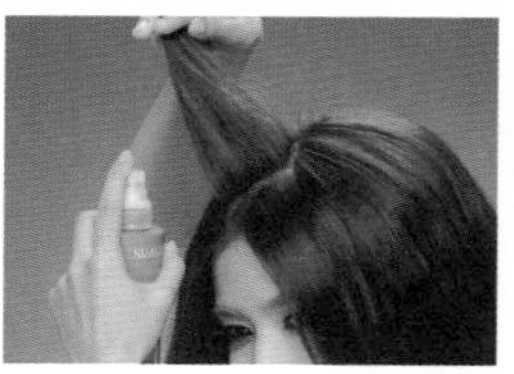

1

将打底产品均匀喷洒于发根处，创造发根的蓬松立体感。

2

将头发分成 4 区，用平板离子夹朝外拉直到发长 1/3 处，停留后稍往内压再次停留。

3

利用离子夹将发尾往外略微夹翘，完成后，以具有光泽且有定型效果的产品维持卷度。

4

最后针对脸颊两边的发束，利用32毫米电卷棒，以往外卷的方式，打造出自然的弧度。

造型解析

所谓的水波头是平卷的变形，以水平的方式上电棒后，会完成类似波浪状的卷度，非常适合发量较少的短发女性尝试，整体感觉非常活泼。

运用 2

三股辫 + 上卷

带有青春俏丽感的鲍伯头

造型难度	花费时间	适合脸型	适合发质	适合发长
★★	10 分钟	除长脸外皆可	皆可	短发

侧面 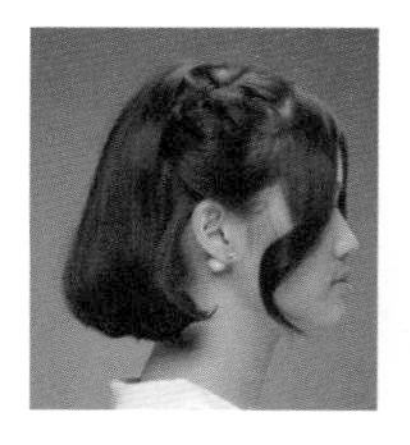

背面 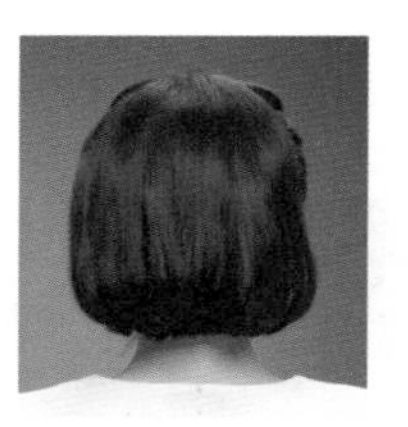

怎么做

1

先将头发平均分为两区，抓取其中一区耳朵上方部位的头发编成三股加辫，以橡皮筋固定发尾，另一边以同样方式完成。

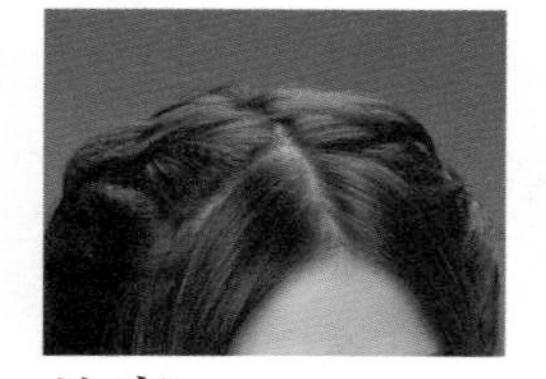

注意

可以依自己发量的多少抓取发束，编出不同粗细的三股辫效果。三股辫的位置可以根据需求编于刘海、头顶等区域。

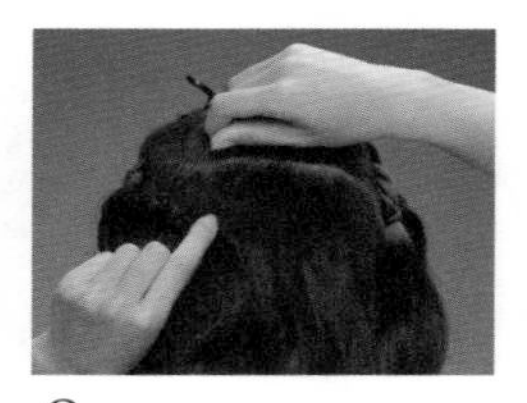

2

将后脑勺剩余头发分成上下两层，将先前编好的三股辫夹至中间，将上层头发放下盖住。

3

以25毫米电卷棒将所有发尾往内卷，创造出鲍伯头般发尾柔顺有弧度的效果。

4

前额刘海处用25毫米电卷棒往外侧方向上卷，做出柔美的卷度，可修饰脸型。

注意

完成的前额刘海卷度如图。

这款发型属于鲍伯头变型款之一，即使是基本的鲍伯头，只要变化一下发际旁的编发细节，就能让发型更具活泼感。

运用 3
缠绕扭转
+上卷

恬静中带有俏皮感的短马尾

造型难度	花费时间	适合脸型	适合发质	适合发长
★★★	10 分钟	皆可	皆可	中长发

侧面

背面

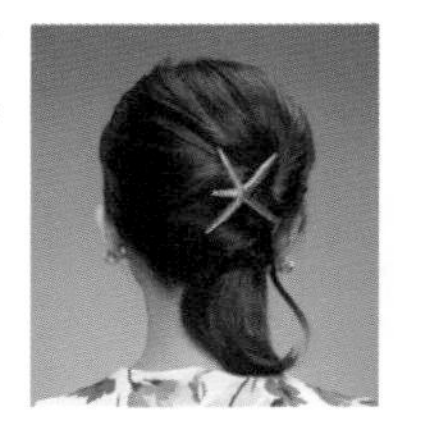

怎么做

1

留下刘海区域后，将其余头发以耳朵上方为基准，分成上下两撮发束，并将上层头发绑成侧马尾。

2

将步骤 1 完成的侧马尾利用勾发圈由外往内收进发束里，然后再拉出。

注意

勾发圈是实用的小工具，能快速打造编发效果。

3

下层发束再分成左右两束，两束发丝交互扭转后，缠绕于上层马尾固定处的下方，并以小黑夹固定。

4

夹上较有造型感的发饰。

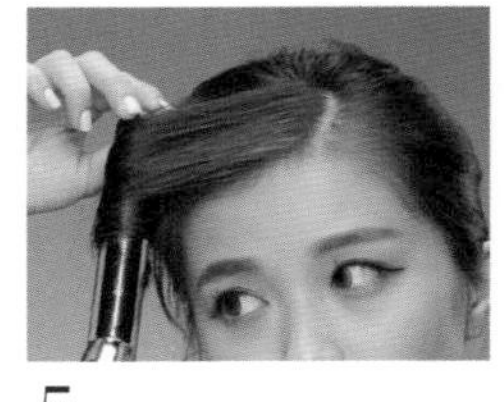

5

脸颊旁的刘海利用直径较小的 28 毫米电卷棒上卷，创造出微卷的弧度线条。

造型解析

基础的马尾绑发加上勾发圈的运用，再利用电卷棒上卷，几个简单技巧的互相配合，就能完成独具巧思的气质短马尾。

运用 4
扭转 + 盘发

5 分钟轻松搞定的完美约会发

造型难度	花费时间	适合脸型	适合发质	适合发长
★★	10 分钟	皆可	皆可	皆可

侧面

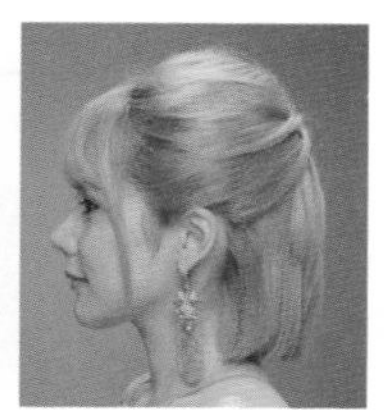

背面

怎么做

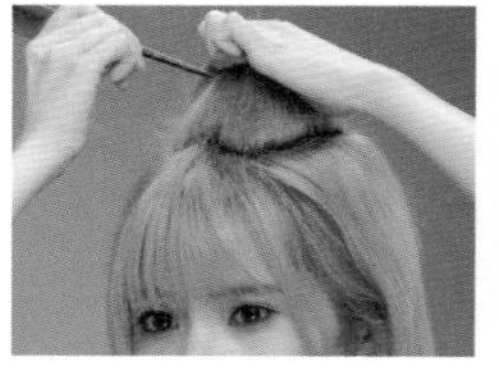

1

以两边眉尾为参照，利用尖尾梳将头顶的U字形区域发束分成一区。

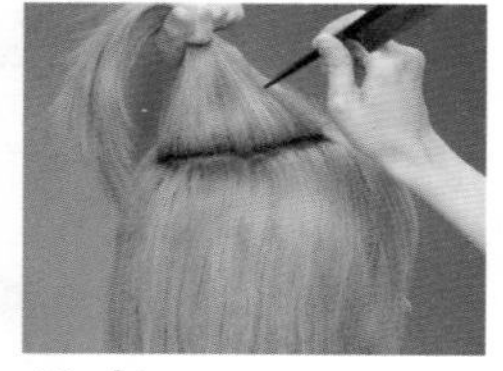

注意

发束区域的背面状态。

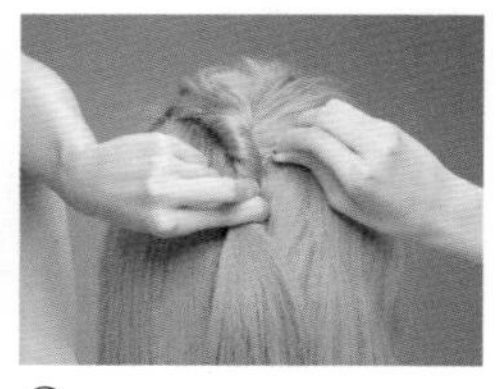

2

将发束扭转后以小黑夹由侧边从外往内固定。完成扭转后将发束稍微往头顶回推，打造立体感。

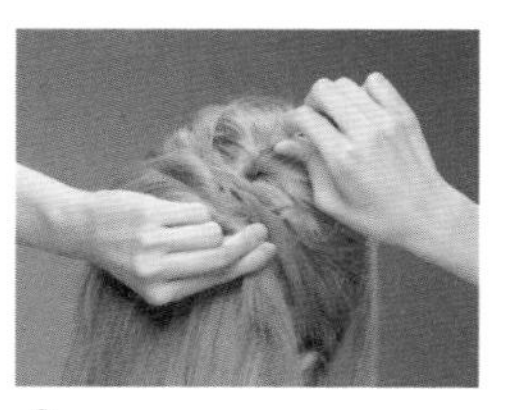

3

分别再从左右分出水平发束2~3撮，同样以步骤2的手法，交错地往中央发束扭转固定。

4

最后在中心发束的位置，平行夹上发饰，完成。

这款发型是初学者的最佳入门发型，不需要太多的技巧，只要运用分层与扭转的手法就能完成。

运用 5

编发 + 上卷

利落的单边韩风编发

造型难度	花费时间	适合脸型	适合发质	适合发长
★★	10 分钟	皆可	皆可	皆可

侧面

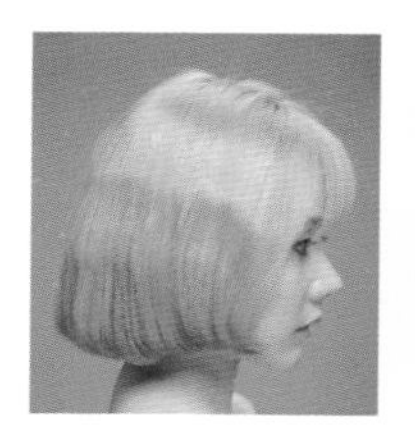

背面

怎么做

1

将左侧头顶部位分出三角区发束，并以黑色橡皮筋固定。

2

利用勾发圈将步骤 1 的发束由外往内塞入并拉出，再将下层发束以黑色发圈固定。

3

上层发束由上往下、下层发束由下往上，一起穿进勾发圈后穿出。

4

编发完成后，可稍微挑出耳际处的发丝，自然散落在脸颊旁，避免编发太工整。

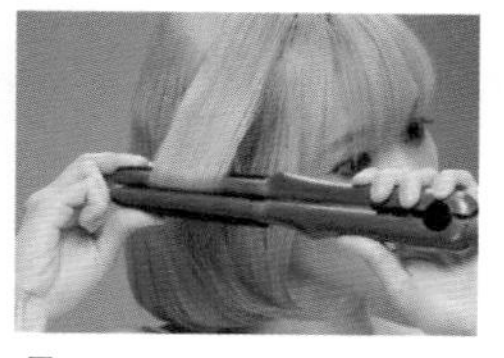

5

将剩余头发分成 3~6 片发束，利用平板夹在发束下方的 1/3 处夹住后往内压，停留约 5 秒。发束的 2/3 处与发尾处也以同样方式完成。

注意

记得对齐，往内压时平板夹尽量在同一水平位置，并将发束拉直进行，这样才能创造漂亮的波纹。

造型解析

灵活运用平板夹展现出独特波浪效果，故意在侧边加上简单编发，在不经意中令人眼前一亮。这款造型不需要 5 分钟就能完成，一定要尝试！

运用 6
缠绕 + 马尾

高校女生的年轻活力造型

造型难度	花费时间	适合脸型	适合发质	适合发长
★	5 分钟	皆可	皆可	长发

侧面

背面

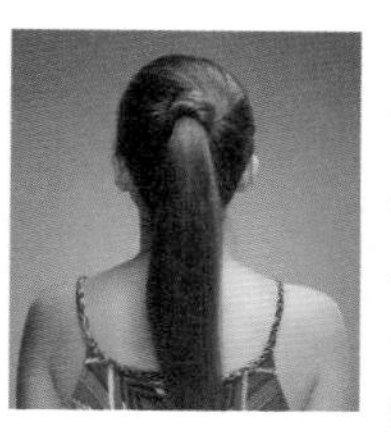

人气颇高的高马尾一直都深受女性喜爱，但要绑对位置才能创造出充满活力的感觉。

怎么做

1

从两边眉尾开始，横向往后抓出U型区，并将头发分成上下两区。

2

将下层发束集中后，以发圈固定于黄金点位置。

3

用手指梳整上层头发，均匀地往后集中，接着将上层发束略微扭转后，往下层马尾固定处加以缠绕。

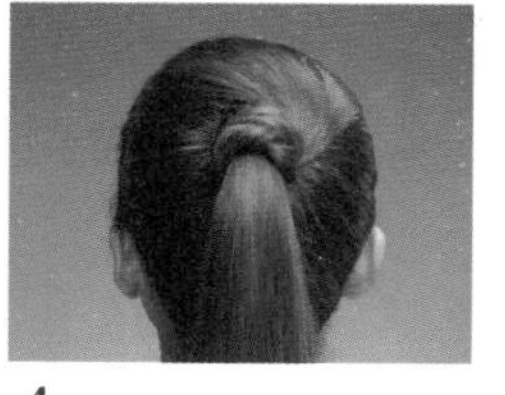

4

将上层发束的尾端用小黑夹固定，顺一顺马尾即可完成。

注意

若前额有刘海，要先夹起刘海的区域，绑完马尾后，再用圆梳吹整即可。

马尾的松紧可以用小黑夹调节。将黑色发圈两头分别插上小黑夹，其中一个小黑夹插进发束后，手拿另一小黑夹往外绕再固定，就会有松松的效果；反之，小黑夹往内绕马尾就更紧实。

运用 7
编发 + 马尾

炎夏最合适的清爽斜马尾

造型难度	花费时间	适合脸型	适合发质	适合发长
★★★	10 分钟	皆可	皆可	长发

侧面

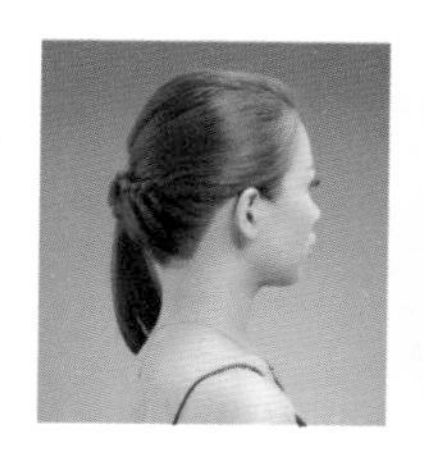

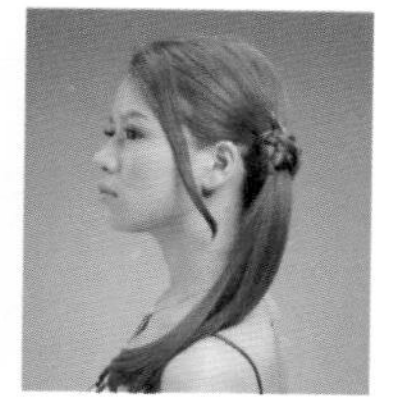

背面

怎么做

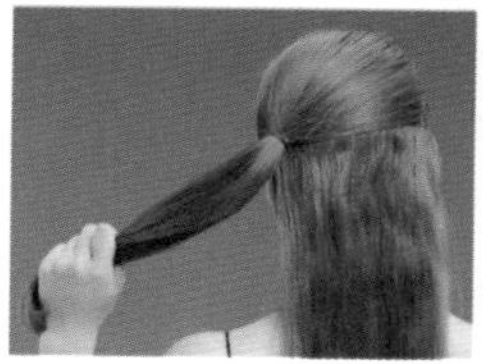

1

将头发以耳朵上方高度为基准，分成上下两层发束。将上层头发绑成侧马尾，以黑色发圈固定住。

2

下层发束从耳际上方开始，由右至左以横向双股加辫开始编发。

3

编至发尾处以黑色发圈固定后，对发束的位置略加调整。

4

一手拉高上层发束，一手将发辫绕过发束。

5

剩余发辫缠绕至尾端后，将发尾用小黑夹藏进马尾固定处，再以精巧发饰夹在马尾上方，增加焦点。

马尾造型看似大同小异，其实可以有无限变化。这个造型除了以韩系风格尝试侧边斜马尾外，还加入编发技巧，让整体感觉更俏皮。

运用 8
上卷 + 双股辫

细腻编发结合
海涛般浪漫卷度

造型难度	花费时间	适合脸型	适合发质	适合发长
★★★	10 分钟	皆可	皆可	长发

侧面

背面

怎么做

1

先以32毫米电卷棒将全部头发由外往内分区上卷，并做出线条自然的分线。

2

从左边拉出一小撮发束（直），再从下方头发拉出两撮发束（横），以两股辫往右夹住等量的直向发束并扭转，进行编发。

3

编至最右侧后，先以橡皮筋固定并藏起发尾，接着从右侧耳际下方另外抓出两撮细少的发束。

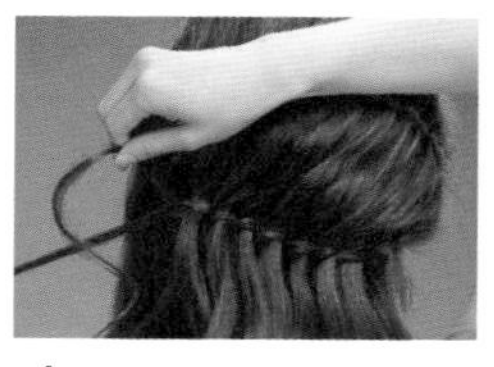

4

顺着前两个步骤分出的直向发束，由右至左重复进行双股编发，直至编到最左侧。

5

将完成后的发尾往发际内侧塞，并用小黑夹由外往内固定。完成编发后梳顺未编区域即可。

注意

若想加强发尾的卷度，可用32毫米电卷棒做出自然流畅的波浪。

造型解析

只是简单的双股辫加上固定的技巧，就能展现出不同于以往的漂亮编发质感。不妨尝试看看，绝对惊艳！

运用 9
8 字卷 + 扭转

利用华丽卷度
做出日系拉花编发

造型难度	花费时间	适合脸型	适合发质	适合发长
★★★	15 分钟	除长脸外皆可	皆可	长发

侧面

背面

怎么做

1

将头发均分成8~12束。使用双股电卷棒以8字形缠绕，烫出蓬松卷度。

注意

从头发中段或耳下位置开始卷发即可，若从发根就开始上卷会显得老气。

2

将耳上区域头发分成5~6层，先将顶部绑出一个松松的公主头，将发束由外往内扭转后拉出。

3

再抓住第二层发束往内扭转，接着与第二层发束合并后，以此类推完成全部。

4

最后以小黑夹将发丝由外往内固定，避免编发处的发丝杂乱。

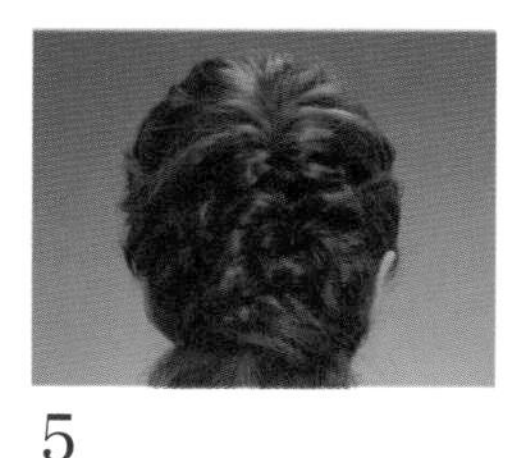

5

编发完成。

造型解析

这款看似复杂且具有华丽线条的发型，先是借由电卷棒营造出漂亮的线条，再以简单的扭转技法做出变化，令人耳目一新。

番外篇 1

亮眼发色玩创意

头发颜色会影响造型的整体效果，其实每个人都有属于自己的专属发色，只要发色选对了，不仅造型加分，还会增添特殊魅力。你发现了吗？近两年最流行的发色趋势就是渐层染色！接下来就要谈谈最新流行的发色与染发样式了，让你可以通过肤色、眼珠颜色，找出属于自己的专属发色。

找出专属发色！

染发色彩

从去年开始在染发颜色上流行较浅的发色，甚至带点晕染、渐层，夏天到秋天还是会以浅色调或是冷色调为主，如灰、绿、蓝等；但在时尚秀与发型秀中，甚至连彩妆都早已在悄悄地预测迈入秋冬后将会是红色调的天下。

但这里说的红色调不是以往熟知的正红色或亮红色，而是有一点雾面效果、掺杂一点灰黑或是紫色的沉稳红或波尔多酒红。红色是一种很特别的颜色，如果用在白皙肤色上会使肤色显白；但如果是用在健康肤色上，反而会感觉混浊。而这种雾面质感对亚洲女性来说是很棒的色调，亚洲女性的肤色容易使亮染的发型显得俗气，因此在头发表面加上雾面染发，就能突显高雅质感。

染发技巧

水平式渐层发色

直线式渐层发色

除了以往我们熟知的直线式挑染，水平渐层晕染也开始席卷时尚界，而这种风潮将持续下去，甚至会有 3D 的染发效果出现，好比在整片头发上做不同的颜色置换与图案。但这都必须先经过精准的设定、去色才能创造出漂亮的效果。虽然趋势如此，但这不代表挑染会消失，它还是会存在，会搭配的发型视状况而定，主要作用在于突显线条效果。

经过去色的发质会形成多孔性，进色快，相对褪色也快，如果想要保持染后发色持久，一定要搭配使用定色、护色的洗发水。此外也建议半个月到 1 个月就要进行补染，维持颜色。

养护技巧

染发后需要一点时间固色，要避免第二天就洗头，平日选用具有养护效果的发品与造型品，可让发色维持更久。染发三个月后因头发长长，发根会出现色差，六个月左右趋于明显，可让发型设计师确认是否需要补染。

由于头发时时接触空气、阳光，并遭受环境污染的侵袭，因此颜色容易变浅、褪色，如果预算允许，建议定期到美发店进行护色养发。

找出专属色

选择专属色，一般都是从肤色、造型上寻找与自己匹配的染剂色，可利用自己每日使用的粉底产品的色号与化妆喜好加以判断。

另外，还可以通过眼睛虹膜判断，亚洲人多是黑色或深棕色的虹膜，颜色越浅能选择的发色越多。黑色虹膜适合全黑的发色或重一点的发色，当然也可以利用灰、棕色的美瞳片改变眼珠颜色，就能够选择更多的染发颜色。

肤色与发色相得益彰，会让整个人看起来神采飞扬。

我适合什么发色？

白皙肤色

上妆后肤色有红润感的属于白皙肌肤。白皙的肤色对于任何发色都适合，可以挑选的颜色范围相当广。

中等肤色

使用粉底时总想让肤色更白皙，肤色介于白皙与健康之间的属于中等肤色。这类型的女性可以尝试各种颜色，尤其是红色调可以让肤色显得更白皙，但如果是偏健康肌肤的中等肤色女性则要特别注意，染剂必须选择高明度的，才能使五官明显且立体。

健康肤色

上妆时在乎光泽感，有着小麦肌的女性可以选择明度较高的亚麻色，利用光线反射发色的效果，提升肤质的质感与光泽度，也能强化肤质的效果。

肤色 & 发色快速对照表

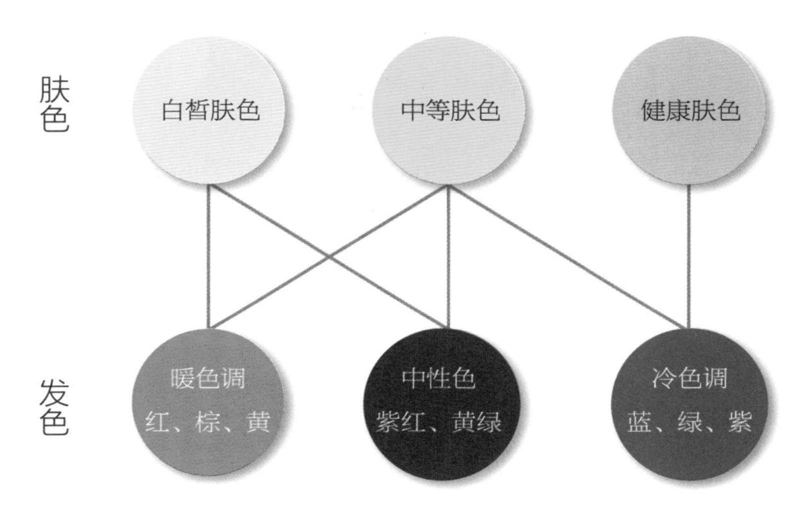

番外篇 2

学习韩系时尚女星的经典发型！

每当韩剧上映时，总会掀起一波时尚话题，尤其近期宋慧乔、朴信惠等女星带动起来的流行发型，在这个单元中将全部教给大家。只要跟着做，再加上练习，就能变化出各种丰富的时尚发型。

率真甜美朴信惠风格

造型难度	花费时间	适合脸型	适合发质	适合发长
★	5 分钟	皆可	皆可	长发

侧面

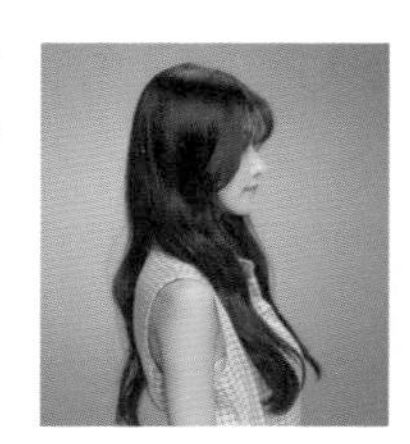

背面

怎么做

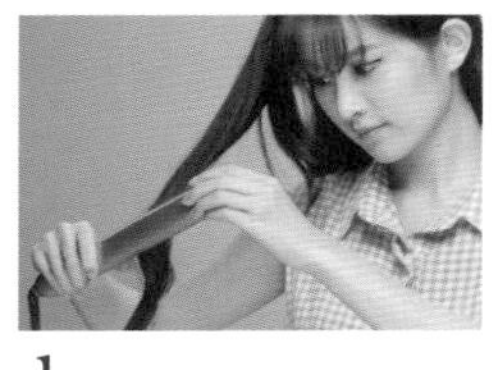

1

将头发分成 6~8 撮发束，使用斜款离子夹，以水平扭转方式烫出微弯的曲线。

注意

这里不使用电卷棒，避免创造出弧度太明显的线条，以免感觉太柔媚。

2

使用可帮助头发保湿并维持卷度的发品，慕丝质地可增加发量的丰盈感。

造型再加分

3

用手将头发往侧边收拢后，拨至单边露出颈部线条，并将头发梳顺。这样简单一个步骤，即可让原本较为清纯甜美的风格增添一丝妩媚气息。

造型解析

韩系的空气感刘海与自然微卷是打造朴信惠在韩剧《DOCTORS》中发型的重要元素。长发若太过笔直，容易显得呆板、厚重，也无法突显女人味。记得即使是长发，也必须维持轻柔感。

番外篇 2

高颜值、清新感宋慧乔风格

造型难度	花费时间	适合脸型	适合发质	适合发长
★★★	10 分钟	皆可	皆可	中长发

侧面

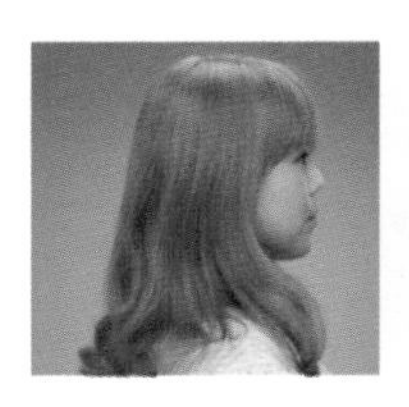

背面

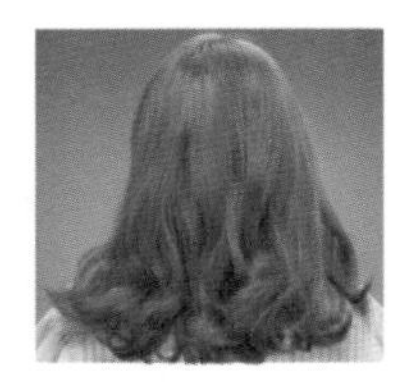

怎么做

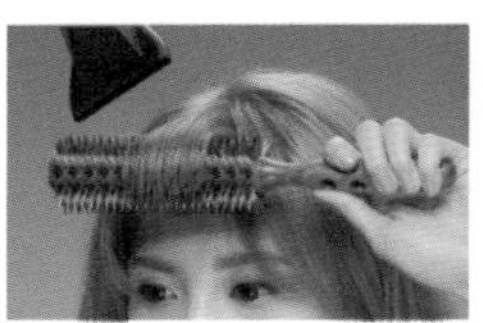

1

以圆梳搭配吹风机吹整刘海，先固定刘海后往前、往下卷，让刘海维持蓬松轻柔感，看起来更减龄。

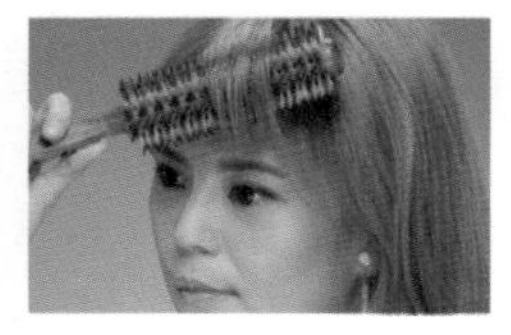

2

用圆梳一改往外卷的方式，往两侧拉成八字。乔妹的八字刘海发尾还略微散开并带弧度，这是需留意的细节。

3

利用 32 毫米的电棒将大束发束往前、往后不规则地缠绕，烫出松软且自然的波纹。

造型再加分

4

使用空气感慕丝类型的打底产品先均匀地涂抹头发，使头发更松柔。

5

将头发分成 6~8 束，利用斜款离子夹运用扭转的手法，夹出不同于电卷棒的波纹弧度。

看似轻柔，仿佛有空气流动其中，加上略微中分的空气感八字刘海，就是宋慧乔在热播剧《太阳的后裔》中最让人印象深刻且高人气的造型，同时也引起了大家对于刘海的重视，这么经典的造型一定要学会！

时尚干练黄静茵风格

造型难度	花费时间	适合脸型	适合发质	适合发长
★	5 分钟	皆可	皆可	短发

侧面

背面

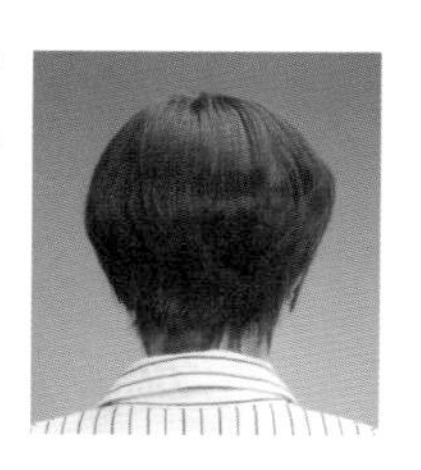

怎么做

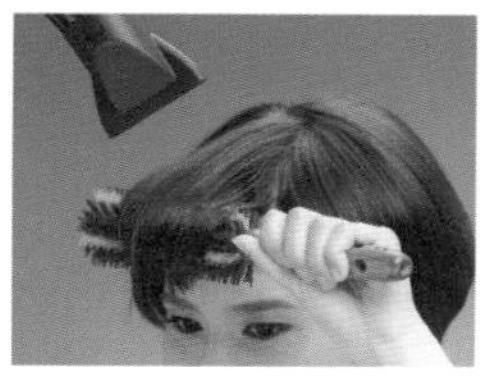

1

利用圆梳拉直发束并以吹风机吹整，同时用圆梳往外、往下卷出弧度。

2

完成吹整后，不妨将手指深入发根处稍微拨松发根，创造更立体轻盈的效果。

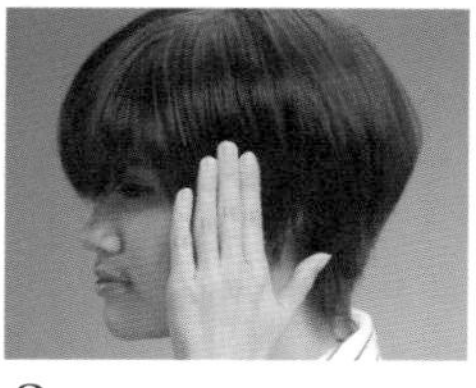

3

为避免发尾翻翘，可用少许发胶抚平，尤其是鬓角，要维持服帖感。

造型再加分

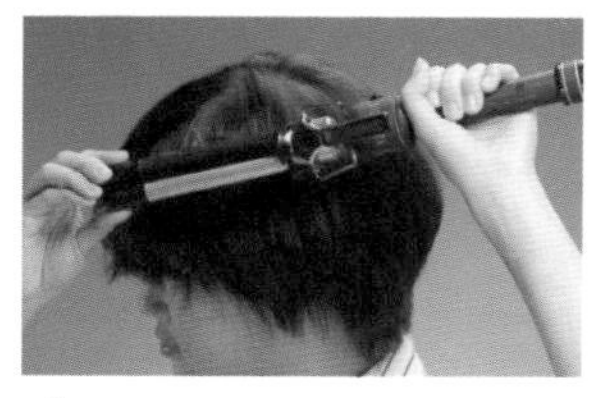

4

头发略微分束，运用25毫米的电卷棒固定于发尾处，创造卷翘发尾。接着取约1颗珍珠大小的发胶于指腹均匀推开，并针对发尾搓捏，让发尾聚集在一起，创造线条感。

黄静茵在《她很漂亮》中变身一位时尚编辑，俏丽不失利落感的短发造型功不可没！这款发型虽然很短，但只要通过丰富的层次堆叠，在发尾降低厚度使之轻薄，再加上轻盈的刘海效果，就能充满女人味。这款发型非常适合白领。

热爱工作，每一天都值得挑战

近几年我的工作重心除了原有的发型设计、各种广告或节目的艺人造型，也致力于教学和培训新生代发型设计师，再加上各种教学演讲邀约以及外出进修等行程，生活中除了忙碌还是忙碌。

虽然如此，我仍然以正面积极的心态，去看待工作和生活，并试图在其中取得平衡；出书是一件具有使命感的事，通过书籍，可以传递我的理念，也让更多的人通过正确的方法，让自己变得更美丽，因此我很愿意抽出时间来做这件事。这本书经过半年多的筹划与制作，终于要与大家见面了！我的工作，是创造美丽的工作，我在书里除了提供丰富的整发、编发技巧，也想分享我对美的诠释——向往美丽的事物但不过度追求表象的美，由心散发出美的才是真的美！

我的工作

整个城市都是我的工作室

我的工作没有固定的场地，今天在我的沙龙里，明天可能在某个摄影棚或广告片厂，也因此每一天对我来说都是全新的挑战。

许久不见，风采依旧！

今天的工作中见到了久违的老友，专业又认真的艺人，她总带给我许多启发！

用飞行时间写日记

出书前一个月几乎每周都要飞行去其他地方工作，这张照片为 2017 年 3 月的最后一趟飞行留下的记录。

今天在哪里工作?

常常在起床时要回想一下，我是在哪个国家、哪个城市呢? 也许前两天还在夏天的情境里，现在却身处冰天雪地中。

工作即景

谢谢每一段工作带给我的美好回忆!

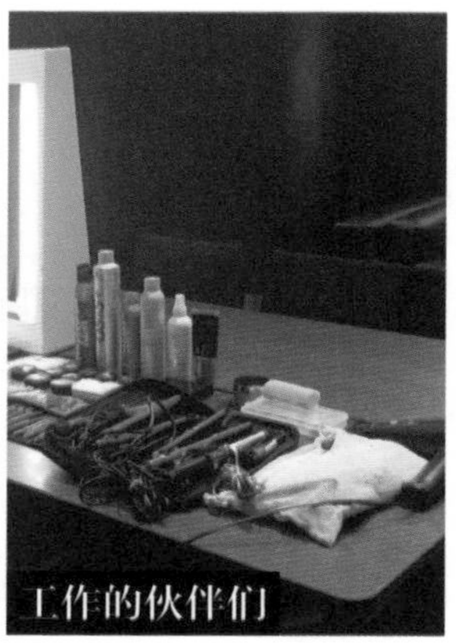

工作的伙伴们

工作时，我常需要携带各种产品与工具，少不了要几个工具箱，很多人都好奇这里面到底装了什么。

我的日常

适度地放松

不工作时，放慢脚步，会发现生活中的许多美好细节。

运动，为身体充电

再忙也要抽出时间运动，只要有心做一件事，忙永远不是借口。

令人愉悦的香氛

我喜欢使用薰香，随着不同心情变换不同香调，紧绷的情绪也得到舒缓！

私房推荐

这是我最近特别喜欢的品牌，来自澳洲的 ASHLEY&CO。不同于工作上常接触的专业品牌，这是一个以“香氛”为概念的品牌，商品有熏香、手工皂、身体清洁保养品以及发型打理产品等。

虽然是以香氛为主题，但它与香水截然不同！从极简的包装到细致优雅的香味，我都非常喜爱，下面就分享我最常使用的几个产品。

扩香竹

内含熏香瓶与 10 支熏香竹，香味可持续 6~10 个月。

Johnny：我喜欢香味，尤其是天然的。每一种香味都有自己的态度！

重拾双手

含牛油脂、甘菊萃取精华和维生素E，在自然芳香中舒缓滋养双手。

Johnny：每次工作间歇以及一天结束后，我一定会用护手霜好好保养双手，慰劳它们辛勤的工作。

平衡光亮&平衡护发

含可温和清洁、平衡滋润的独特配方。经 ECOCERT 国际有机认证，使用 100% 天然香料。

Johnny：最纯粹的清洁与滋润，与我追求的单纯美好很相近。

关于气味

ASHLEY&CO 有六种迷人的香味，每种香味都有一个独特的故事，让人开启细腻的感官飨宴：

B&G | 金色花朵：哥斯达黎加晚香玉 · 野生茉莉花

T&K | 小岛鸟儿：野姜花 · 百合

B&P | 点点泡泡：花卉玫瑰 · 粉麝香

V&P | 彩色藤蔓：琥珀香草 · 檀香 · 香柠檬

P&P | 珍珠鹦鹉：新鲜绿茶 · 白百合

O&T | 沉淀时刻：无花果叶 · 山栀 · 香根草

塑型产品与定型产品的挑选

科技让塑型与定型产品的质地不断升级并且有更多的选择，从慕丝、胶、粉末、油质喷雾到喷雾型发蜡等等，品种十分丰富。但我们必须明白，塑型与定型的概念大不同。塑型主要用于造型前或造型中，产品的质地、种类也较多；而定型产品用于造型完后，产品多为喷雾，能均匀分布在全区头发上。

塑型产品推荐

施华蔻专业

OSiS+ 丰王乳

它能抵抗热风吹整的伤害，富含质地清透的丰量凝胶，定型力中等，可为头发增添自然光泽，达到瞬间丰量的效果。

资生堂专业

STAGE WORKS 海滩空气雾

喷雾式产品能够轻松打造如被海风吹抚般的自然造型。它含科技造型粉末和光泽发妆保养成分，另添加湿度控制成分，能够维持秀发内湿度平衡，让发型更持久。

定型产品推荐

资生堂专业

STAGE WORKS 黑武士定型雾

它具有超强的定型力，添加了湿度控制成分以维持秀发的最佳湿度状态，让发型更持久有型。

专业团队

模特儿

彤羽

在拍摄这本书的图片之前，我早就已经是 Johnny 老师最忠实的粉丝了！每次当老师为我整理发型时，我都觉得这是最适合我的造型呢！很高兴有机会参与这本书的拍摄工作，希望大家也会喜欢！

FB：彤羽 ×tongtong

https://www.facebook.com/jiantongtong

安琪

Johnny 老师让我的短发也可以做出好多不同风格的造型，不愧是编发界的翘楚，“神乎其技”。

Instagram：angelsun0126

Patty 语馡儿

很幸运能参与 Johnny 老师第二本发型书的制作，妹子我觉得人生没白活了……哈哈！

在有生之年能够跟大师级的老师合作真的是小妹修来的福气呀！（偷笑）很感谢出版社和 Johnny 老师给我机会，让我看到 Johnny 老师出神入化的指间魔法，让我见识到不同的我！

FB：最爱语妃

https://www.facebook.com/patty02090209/

MoMo 苏宇馨

跟老师合作非常开心，而且老师教的发型简单易学，可以每天玩发美美出门，真的是太棒了！

FB：中日文活动主持人苏宇馨 MoMo

https://www.facebook.com/LoVemomoSU

Aries

老师的编发技巧真的超强，都是女孩子会很喜欢的款式，有甜美浪漫的风格，也有华丽成熟的。重点是帮我设计的发型都能够修饰我的脸型，也让我感受到老师是很注重细节的人！非常荣幸我能有这机会和老师合作，购买这本书的人一定能够从中学到很多！

FB：Aries 艾瑞丝

https://www.facebook.com/aries8248

Apple

Jin

Suwo

仔如

迪西

洁西卡

专业团队

摄影

李文钦摄影工作室

从事服装、时尚、精品、空间、美食、彩妆保养、广告平面摄影、活动摄影。

www.akleephoto.com

彩妆团队

Makeup Finger Studio

总监 Snow Chen

彩妆资历 22 年；

现任 Makeup Finger Studio 彩妆总监、稻江护家兼任整体造型讲师；曾任 MAKE UP FOR EVER 教育训练讲师、长荣航空空服员专业形象造型讲师；

电视、广告、杂志媒体及发型、服装发表会活动彩妆造型；

第 45 届金马奖颁奖典礼林青霞指定彩妆师。

https://www.facebook.com/makeupfingerstudio

图书在版编目（CIP）数据

嘿，头发乱了 / 张胜华著 . -- 青岛 : 青岛出版社 , 2018.1（小日子）
ISBN 978-7-5552-6422-4
Ⅰ . ①嘿… Ⅱ . ①张… Ⅲ . ①理发—通俗读物 Ⅳ . ① TS974.2-49
中国版本图书馆 CIP 数据核字 (2017) 第 302492 号

书　　名　嘿，头发乱了
著　　者　张胜华
出版发行　青岛出版社
社　　址　青岛市海尔路 182 号（266061）
本社网址　http://www.qdpub.com
邮购电话　13335059110　0532-68068026
策划编辑　刘海波　周鸿媛
责任编辑　王　宁
特约编辑　刘百玉　孔晓南
封面设计　iDesign studio
装帧设计　祝玉华
照　　排　光合时代
印　　刷　青岛乐喜力科技发展有限公司
出版日期　2018 年 2 月第 1 版　2018 年 4 月第 2 次印刷
开　　本　32 开（890 mm × 1240 mm）
印　　张　4.75
字　　数　80 千字
图　　数　442 幅
印　　数　6101-11200
书　　号　ISBN 978-7-5552-6422-4
定　　价　39.80 元

编校质量、盗版监督服务电话 4006532017　0532-68068638
建议上架：美发造型、时尚生活